Ioana Stanciu

Reologia de produtos lácteos

Ioana Stanciu

Reologia de produtos lácteos

ScienciaScripts

Imprint

Cover image: www.ingimage.com

This book is a translation from the original published under ISBN 978-620-7-45904-9.

Publisher:
Sciencia Scripts
is a trademark of
Dodo Books Indian Ocean Ltd. and OmniScriptum S.R.L publishing group

120 High Road, East Finchley, London, N2 9ED, United Kingdom
Str. Armeneasca 28/1, office 1, Chisinau MD-2012, Republic of Moldova, Europe
Printed at: see last page
ISBN: 978-620-7-74953-9

Conteúdo

Introdução

A reologia é definida como o ramo da *ciência* que se ocupa da *deformação e do fluxo da matéria*. O próprio termo "reologia" tem origem no termo grego "rheos" que significa "fluir". A reologia trata principalmente da relação entre as forças e o tempo, por um lado, e a deformação e o fluxo, por outro, pelo que as medições reológicas fornecem informações sobre o comportamento dos alimentos quando uma força actua sobre eles. A compreensão do comportamento reológico do leite e dos produtos lácteos é importante para os seguintes pontos de vista:

- Controlo de processos e manuseamento de produtos
- Conceção e avaliação de equipamentos de processo e de operações unitárias
- Caracterização e desenvolvimento de produtos alimentares com vista à sua aceitação pelo consumidor
- Elucidação da estrutura e da relação entre as propriedades estruturais e texturais

O leite e os produtos lácteos apresentam várias propriedades reológicas. Normalmente, o leite fluido e a nata são considerados exemplos de líquidos, enquanto que o queijo duro é um exemplo de sólido, mas o leite concentrado, o iogurte, a manteiga, o gelado e vários tipos de queijo apresentam geralmente um comportamento intermédio de sólido e líquido, denominado viscoelástico. Para além das considerações reológicas, as estruturas dos produtos lácteos estão intimamente associadas à textura, que é reconhecida como um dos principais atributos de qualidade. A perceção da textura está relacionada com o arranjo, a disposição e as interacções entre as partículas de um determinado produto lácteo no momento em que este é exposto a uma determinada tensão ou deformação.

I. TECNOLOGIA DO LEITE E DOS PRODUTOS LÁCTEOS

O leite é um alimento que, devido à sua rica composição química e elevado valor nutritivo, cobre em grande medida as necessidades humanas de alimentos de origem animal, sendo indispensável na alimentação de crianças, doentes ou pessoas que trabalham em ambientes tóxicos. Ao mesmo tempo, o leite é também a matéria-prima a partir da qual se preparam numerosos produtos lácteos (manteiga, natas, produtos dietéticos, queijos, produtos lácteos azedos), com um grande peso quantitativo e qualitativo na alimentação humana.

Regra geral, por leite entende-se o leite de vaca, cuja quota é de cerca de 90% da produção total, sendo os restantes 10% representados pelo leite de ovelha, de búfala e de cabra.

Quanto à composição química, o leite de vaca com uma substância seca média de 12,5% tem a seguinte estrutura:

- substâncias orgânicas:
- triglicéridos: esteróis (colesterol), fosfoglicéridos (lecitina, cefalina), ácidos gordos livres;
- substâncias azotadas:
- proteínas: caseína, lactoalbumina, lactoglobulina, peptonas, anticorpos, enzimas (lactoperoxidase, catalase, lipase, fosfatase, amilase, protease);
- substâncias não proteicas: colina, aminoácidos livres, creatina, ácido úrico, creatinina, guanidina, ácido carbâmico, etc;
- substâncias não nitrogenadas: lactose, oligossacáridos, ácido lático, ácido butírico, ácido cítrico, ácido pirúvico;
- vitaminas: caroteno, A, D3, B1, B2, B3, B4, B5, B6, B12, H, C;
- substâncias inorgânicas: sódio, potássio, magnésio, manganês, cálcio, cobre, zinco, ferro, fósforo, cobalto, cloretos, iodo, fluoretos.

As substâncias proteicas do leite são constituídas por 80-85% de caseína, 10-12% de lactoalbumina e 5-8% de lactoglobulina. O componente básico é a caseína (fosfoproteína) que, ligada a sais de cálcio, forma o complexo caseino-fosfoláctico e é o que precipita em fosfoparacaseinato de cálcio, uma propriedade que está na base do fabrico de produtos lácteos ácidos e queijos. A precipitação da caseína pode ser conseguida através da adição de ácidos diluídos, sais de metais pesados, reagentes, álcool, pepsina ou quimosina, sendo os dois últimos os mais utilizados na prática.

1.1. Tecnologia do leite de consumo

Em regra, o processo tecnológico de fabrico do leite para consumo inicia-se imediatamente após a ordenha, quando este é sujeito a operações de acondicionamento, seguindo-se a transformação propriamente dita.

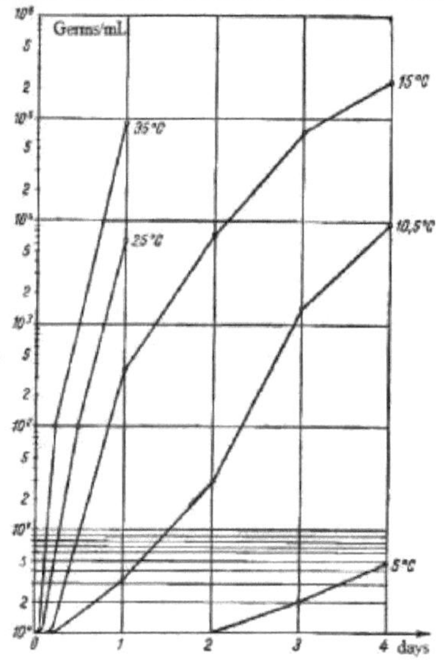

Fig. 1.1. Variação do número de germes no leite cru em função da temperatura

A preservação da qualidade inicial do leite é extremamente importante porque, devido à sua composição química, as bactérias do leite só podem assegurar a destruição dos germes nas primeiras duas horas após a ordenha, sendo a temperatura o principal fator que determina o rápido crescimento dos microrganismos no leite. O seu modo de desenvolvimento é apresentado na figura 1.1.

A limitação do número de germes no leite depende da carga inicial (saúde animal, condições higiénicas de ordenha, manuseamento e transporte), respetivamente da temperatura do leite (o leite após a ordenha deve ser arrefecido a 4-6 °C).

O leite como matéria-prima para a industrialização é produzido tanto por explorações pecuárias especializadas como por produtores individuais. Se no primeiro caso as explorações são dotadas de um ponto de recolha e acondicionamento do leite, no segundo caso o leite recolhido dos animais deve ser submetido a um acondicionamento primário, que garante a manutenção da qualidade inicial, condição obrigatória para a obtenção de produtos lácteos de qualidade.

O acondicionamento do leite refere-se às operações necessárias a aplicar desde o momento da ordenha até à transformação, incluindo a filtragem, o arrefecimento, a manutenção a baixas temperaturas e o transporte em recipientes isotérmicos. Estas operações são parcialmente eliminadas se o produtor de leite também efetuar o processamento industrial.

A filtragem do leite ou a coagem é necessária porque, dependendo das condições higiénicas em que se realiza a ordenha, podem entrar impurezas no leite fresco (pêlos, pó, resíduos de forragem), que contêm microrganismos que levam à sua infeção e deterioração. Os coadores normalmente utilizados para filtrar o leite são crivos metálicos com 3-4 camadas de gaze, bolas de algodão ou materiais filtrantes.

Arrefecimento do leite. Uma vez que a temperatura do leite durante a ordenha se situa entre 32-35 °C, a sua composição química constitui um ambiente extremamente favorável ao desenvolvimento de microrganismos. Nestas condições, a lactose é transformada pelas bactérias lácticas em ácido lático, provocando a acidificação ou o azedamento do leite, que não pode ser transformado.

A refrigeração imediatamente após a ordenha tem por objetivo impedir o desenvolvimento de microrganismos até determinados limites considerados aceitáveis.

Os sistemas de arrefecimento do leite são instalações que utilizam água fria, água gelada ou refrigerantes como agente de aquecimento e que podem ser..:

- bacias para arrefecimento dos bidões: são utilizadas para arrefecer o leite recolhido no bidão com água fria ou gelada, sendo um método complicado e com um grande volume de trabalho;
- válvulas de arrefecimento: são recipientes equipados com serpentinas de arrefecimento ou parede dupla através dos quais circula o refrigerante, como a água refrigerada ou a salmoura, respetivamente sistemas de agitação para reduzir o tempo de arrefecimento;
- permutadores de calor: permitem um arrefecimento muito rápido do leite, sendo a troca de calor efectuada por meio de agentes refrigerantes, que normalmente circulam contra o leite; do ponto de vista construtivo, são do tipo refrigeradores tubulares planos, refrigeradores tubulares e refrigeradores de placas.

Armazenamento do leite. Em determinadas situações, é necessário que o leite seja conservado durante algum tempo, até ser recolhido e enviado para processamento. O armazenamento deve ser feito em tambores ou tanques isotérmicos a uma temperatura baixa, idealmente entre 4-6 °C, no caso dos tanques a capacidade de armazenamento é muito maior, e o transporte pode ser feito com a ajuda de bombas.

O transporte de leite do produtor para os centros de recolha ou para as unidades de transformação é efectuado com recurso a bidões (cada vez mais raros) ou a cisternas de várias capacidades. Os camiões-cisterna são o sistema de transporte de leite mais difundido, estão equipados com unidades de refrigeração e compartimentos isotérmicos, cabeças de descarga e de bombagem para carga e descarga, sistemas de medição, recolha e análise rápida das características físicas e químicas do leite.

Tratamento do leite. O leite é processado em instalações especiais, com o objetivo de limitar o desenvolvimento ou a destruição de germes que põem em perigo a qualidade do leite e, em última análise, a saúde do consumidor, aumentando assim o seu prazo de validade. O melhor efeito bactericida no leite é conseguido através do calor, sendo a pasteurização o processo térmico mais utilizado na prática. Na figura 1.2. são apresentadas as principais operações dentro da tecnologia de obtenção de leite de consumo e na figura 1.3. é apresentado o esquema de uma linha tecnológica para a produção de leite de consumo.

A receção do leite é obrigatória tanto a nível quantitativo como qualitativo. A receção quantitativa é feita através de medições volumétricas, um procedimento que em alguns casos pode dar erros, ou com o galactómetro, respetivamente gravimétrico com a balança de leite. As diferenças que aparecem entre o volume e a massa do leite devem-se ao facto de a sua massa específica ser superior à unidade (mínimo 1,029).

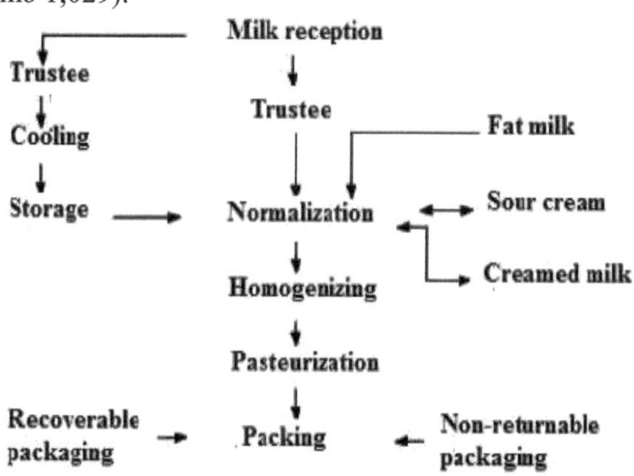

Fig. 1.2. Esquema tecnológico para a obtenção de leite de consumo

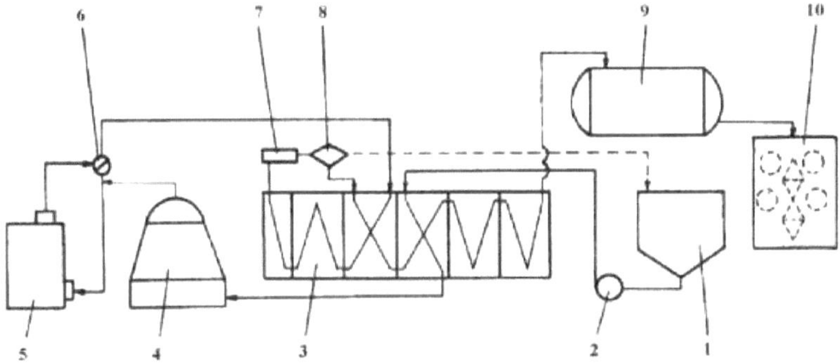

Fig. 1.3. Esquema geral de uma linha tecnológica de transformação de leite para consumo: 1- tanque de leite; 2- bomba; 3- pasteurizador; 4- limpador centrífugo; 5- homogeneizador; 6- torneira de três vias; 7- termorregulador; 8- válvula de retorno; 9- tanque isotérmico; 10- máquina de dosagem e embalagem.

A receção qualitativa consiste no exame organolético (observa-se a cor, a viscosidade, o cheiro, o sabor e as eventuais impurezas) e em análises laboratoriais (determina-se a densidade, a acidez, o grau de contaminação, o teor de gordura e de proteínas), devendo as propriedades físico-químicas do leite estar dentro dos limites admissíveis impostos ao leite de consumo.

A limpeza do leite tem por objetivo remover as impurezas mecânicas. A operação pode ser efectuada com a ajuda de filtros especiais com lã de algodão, tecido de nylon ou malha metálica fina como material filtrante, obtendo-se bons resultados quando se limpam pequenas quantidades de leite, sendo necessário substituir o material filtrante com alguma frequência.

Quando se processam grandes quantidades de leite, a limpeza é efectuada com filtros de pressão, filtros coloidais ou centrífugas. Com uma construção semelhante à dos separadores, os tambores de limpeza centrífugos (fig. 1.4) conseguem a separação mais eficaz das impurezas do leite. Sendo mais pesadas do que o leite, as impurezas são deitadas fora e acumulam-se na periferia do tambor sob a forma de lamas, cuja composição média é a seguinte 73% de água, 3% de gorduras, 18% de proteínas, 3% de cinzas, sendo o restante outras substâncias.

As lamas resultantes da limpeza do leite contêm, para além de nutrientes, germes nocivos para a saúde, pelo que, devido ao risco de infeção por esporos bacterianos, devem ser queimadas ou utilizadas como adubo.

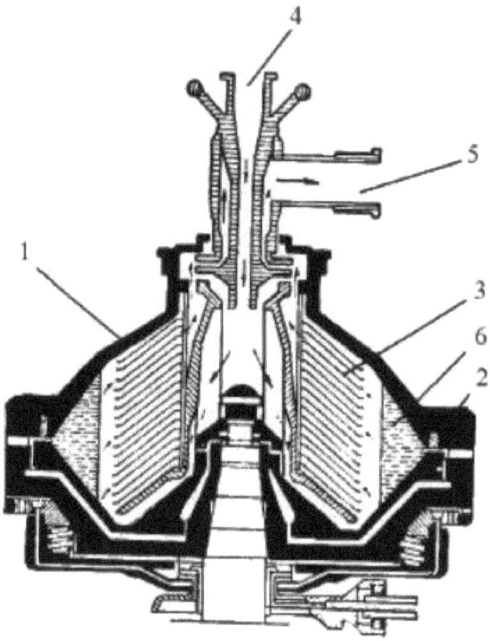

Fig. 1.4. Esquema de um tambor separador centrífugo: 1- tampa do tambor; 2- corpo do tambor;
3- placas; 4- alimentação com leite cru; 5- evacuação do leite limpo; 6- lama.

Normalização do leite. O leite destinado ao consumo deve ter um determinado teor de gordura, estabelecido por normas de qualidade. Uma vez que o leite tem normalmente um teor de gordura diferente do normalizado, a percentagem de gordura do leite destinado ao consumo é corrigida, operação a que se chama normalização ou estandardização, como se segue:

- por creme parcial ou mistura em várias proporções com leite creme, quando o leite tem um teor de gordura superior ao nível estabelecido;
- por mistura com leite gordo ou muito gordo, por vezes mesmo com natas, quando o leite tem um teor de gordura inferior à norma estabelecida.

A normalização deve ser efectuada antes da aplicação de eventuais tratamentos térmicos no leite.

O cálculo da operação de normalização é efectuado com a regra das misturas (método do quadrado de Pearson), em tanques de grande capacidade ou com base em algumas relações de cálculo, após a recolha das amostras e a sua análise laboratorial.

Cálculo da normalização do leite pelo método do quadrado de Pearson. Escrevendo no centro de um quadrado o teor de matéria gorda do leite a obter

(E), no canto superior esquerdo o teor de matéria gorda do leite gordo (A) e no canto inferior esquerdo o teor de matéria gorda do leite magro (B), podemos escrever no canto superior direito o número de partes de leite gordo utilizadas para a normalização (D = E - B) e no canto inferior direito o número de partes de leite magro utilizadas para a normalização (C = A - E).

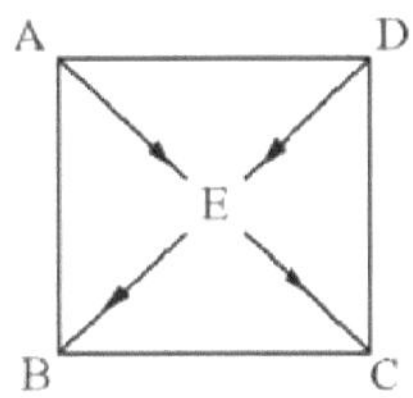

O cálculo da normalização com base em relações matemáticas é efectuado em duas situações:

- ao normalizar o leite, adicionando leite creme com a ajuda da relação:

$$L_i = \frac{L_n(G_n - G_s)}{G_i - G_s}$$, em litros (1.1)

em que L_i é a quantidade de leite gordo, Ln a quantidade de leite normalizado, sendo G_n, G_s e G_i os teores de gordura do leite normalizado, creme e gordo.

- na normalização do leite, adicionando leite ou natas com a ajuda da relação:

$$L_1 = \frac{L_2(G_n - G_2)}{G_g - G_2},$$ em litros (1.2)

em que L1 é a quantidade de leite que deve ser retirada e substituída por leite gordo ou nata, L2 a quantidade de leite normalizada, G2 e Gg o teor de gordura do leite normalizado, respetivamente de leite gordo ou nata.

A separação da gordura do leite é efectuada com a ajuda de separadores centrífugos com placas, na figura 1.5 é mostrada uma secção de um separador deste tipo. O leite é introduzido através do eixo central tubular e é direcionado para as placas cónicas do separador. A gordura do leite, cuja massa específica é menor, é enviada para cima em direção ao meio do tambor, através dos orifícios feitos nas placas. O leite, cuja massa específica é superior à da gordura, continua a seguir um trajeto ascendente, mas na periferia do tambor. Através da colocação das câmaras colectoras, a nata e o leite desnatado são evacuados separadamente.

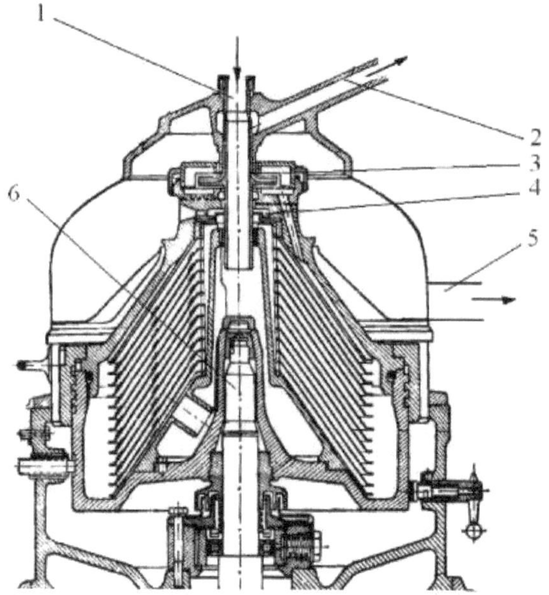

Fig. 1.5. Separador centrífugo, secção: 1- alimentação de leite gordo; 2- descarga de leite creme; 3- coletor de leite desnatado; 4- coletor de natas; 5nata de evacuação; 6- eixo de acionamento do tambor.

O processo de separação da gordura é mais eficiente se o leite for inicialmente aquecido a 40-45 °C, uma temperatura à qual a viscosidade da gordura diminui consideravelmente em comparação com o plasma do leite.

Homogeneização do leite.

A homogeneização é uma operação que visa estabilizar a emulsão de gordura, evitando assim a sua separação na superfície do leite durante o armazenamento.

A homogeneização tem como objetivo aumentar o grau de dispersão da gordura, reduzindo o tamanho dos glóbulos de gordura.

Sendo o leite uma emulsão, a velocidade de separação dos glóbulos de gordura no campo gravitacional depende do seu tamanho e pode ser determinada pela lei de Stokes:

$$V = \frac{2g}{9}\frac{r^2(\gamma_l-\gamma_g)}{\eta}\ \text{m/s} \qquad (1.3)$$

em que r é o raio do glóbulo de gordura, em m:

γ_l - peso específico do plasma do leite, em N/m^3 ;

γ_g - peso específico do glóbulo de gordura, em N/m^3 ;

η - viscosidade dinâmica do leite, em kg. s / m2.

Verifica-se que a diminuição da velocidade de separação pode ser efectuada através da redução do raio dos glóbulos de gordura. Na prática, após a homogeneização, o seu diâmetro situa-se entre 0,1-1 gm em comparação com 6-9 gm que os glóbulos de leite têm antes da homogeneização, o que provoca uma diminuição da velocidade de separação até 144 vezes.

O processo de homogeneização decorre em três fases consecutivas, num período de tempo relativamente curto, nomeadamente o alongamento dos glóbulos de gordura, a sua divisão e aglutinação sob a forma de cachos ou cadeias e a dispersão no leite. Estas fases são conseguidas como resultado do processo de laminação a que o leite é sujeito ao passar por uma ranhura.

Os homogeneizadores são dispositivos compostos por uma bomba que empurra o leite através de uma cabeça de homogeneização (fig. 1.6), sendo a divisão dos glóbulos de gordura conseguida por choque mecânico.

A temperatura óptima para realizar o processo de homogeneização é de cerca de 60 °C, por esta razão o homogeneizador está inserido no circuito de recuperação do pasteurizador. A pressão a que o leite de consumo é homogeneizado é de 120180 N/cm^2 , e para aumentar a eficiência e reduzir a tendência para a aglomeração, a homogeneização é praticada em duas fases (fig. 11.6.b): na primeira fase, os glóbulos de gordura são divididos a 180-200 N/cm^2 , e na segunda fase a 30-50 N/cm^2 , a diferença entre as duas pressões provoca uma forte dispersão dos glóbulos.

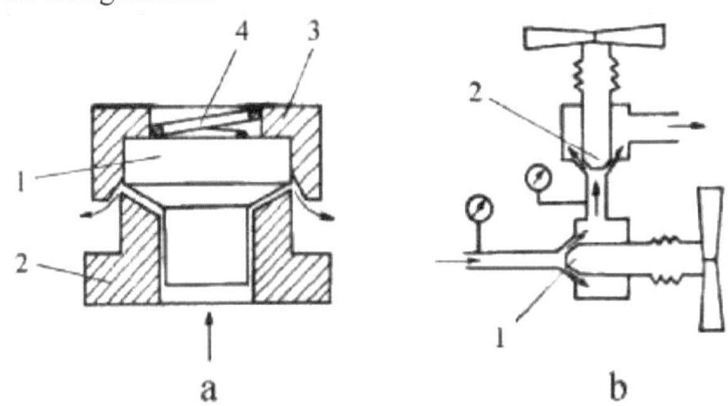

Fig. 1.6. Homogeneizador mecânico sob pressão: a- cabeça de homogeneização: 1- válvula; 2- cadeira; 3- anel deflector; homogeneizador em dois estágios: 1- estágio de homogeneização I; 2- segundo estágio de homogeneização.

Uma melhor estabilização da emulsão é obtida com a ajuda de clarificadores que, de um ponto de vista construtivo, se assemelham a separadores centrífugos (fig. 1.7).

O leite quente é introduzido no aparelho através do tubo de alimentação 1 e distribuído no conjunto de placas 3 por meio de força centrífuga. Os glóbulos de

gordura são recolhidos no coletor de natas 6 e o leite com natas pode ser descarregado através do tubo 2. A pressão criada no coletor de natas, bem como a construção especial dos discos 7 e 8, provoca uma divisão
dos glóbulos de gordura e enviando-os de volta para o tambor, misturando-se com o leite que entra pelo tubo 1. Parte da nata do coletor 4 pode ser descarregada através do tubo 5, o dispositivo pode também ser utilizado para a cremação parcial do leite. As impurezas que o leite contém são projectadas sob a ação da força centrífuga e acumulam-se na periferia do tambor 4, acumulando-se sob a forma de sedimentos, o clarificador limpando assim o leite.

Para além destes dispositivos clássicos, surgiram outras instalações de homogeneização do leite, baseadas em vários princípios. Os homogeneizadores a jato são fabricados em duas versões, cujo funcionamento se baseia nos seguintes princípios:

- emulsificação e dispersão de um líquido quente (gordura), enviado sob a forma de um jato pulverizado na fase de dispersão (leite desnatado) com a ajuda de um bico;
- redução do tamanho dos glóbulos de gordura e sua dispersão numa corrente líquida, como resultado da alteração da velocidade das pulsações turbulentas, dos redemoinhos e do efeito de cavitação. Os homogeneizadores adiabáticos formam a emulsão como resultado da instabilidade que ocorre no líquido que contém os componentes que constituem as duas fases.

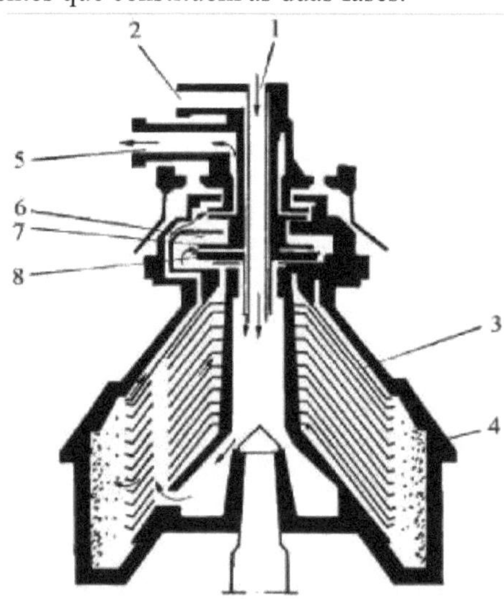

Fig. 1.7. Esquema construtivo do clarificador

Assim, se a mistura a emulsionar for enviada para uma câmara de vácuo (fig.

1.8), onde a fase aquosa tem uma temperatura superior à temperatura de saturação correspondente à pressão na câmara, ocorrem aqui uma série de processos, tais como a pulverização da mistura, a expansão do líquido, a formação de bolhas de vapor de água por relaxamento, a formação de ondas de choque, que provocam a redução dos glóbulos de gordura e a sua dispersão na fase aquosa.

Os homogeneizadores de ultra-sons obtêm emulsões com a ajuda de ultra-sons, estando o líquido sujeito a tensão e compressão, sendo os geradores de ultra-sons mais utilizados os de tipo mecânico.

Pasteurização do leite. O leite cru contém um grande número de microrganismos que se multiplicam rapidamente, provocando uma diminuição das propriedades físico-químicas e do valor nutritivo, sendo o consumo, como tal, uma importante fonte de infeção.

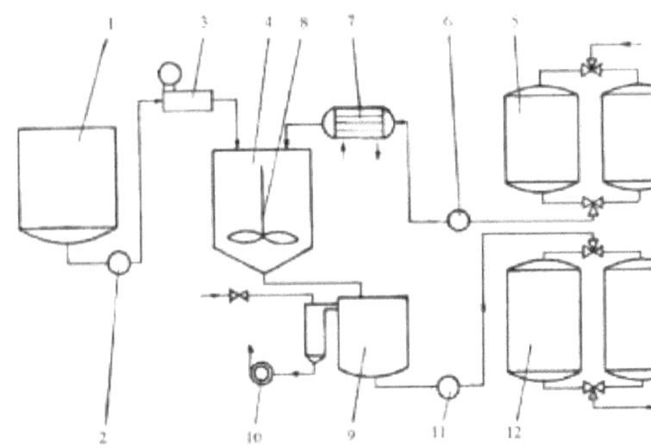

Fig. 1.8. Esquema da instalação de homogeneização de leite a vácuo: 1- tanque de gordura; 2,6,11- bombas; 3- balança; 4- bacia de mistura; 5- tanques com leite desnatado; 7- pré-aquecedor; 8- agitador; 9- câmara de vácuo (homogeneizador); 10- bomba de vácuo com anel de água; 12- tanques para leite homogeneizado.

Através da pasteurização, é aplicado um tratamento térmico ao leite, sob determinadas condições, que garante a destruição da flora comum e patogénica, sem afetar significativamente a sua estrutura física, química e biológica.

A influência da temperatura e da duração da ação térmica sobre os componentes do leite é mostrada na figura 1.9. A pasteurização deve assegurar a destruição do bacilo da tuberculose e de toda a flora numa proporção de 99,9%, para que o leite cumpra as normas higiénico-sanitárias. A resistência dos germes patogénicos varia dentro de limites estreitos de temperatura (60-80 °C), pelo que, tomando o bacilo da tuberculose como padrão (é destruído em 105150 segundos a 62 °C e em 2-3 segundos a 80 °C), ao destruí-lo são destruídas todas as bactérias e vírus patogénicos, sendo o único perigo as toxinas estafilocócicas termorresistentes.

O regime térmico depende da carga microbiana do leite pasteurizado. Se a colheita e a transpotação do leite foram efectuadas em condições higiénicas, através da destruição do bacilo da tuberculose, é assegurado um número de germes inferior aos valores permitidos, e quando a carga microbiana é elevada, para aumentar a eficácia da pasteurização, aumenta-se a temperatura e a duração da manutenção, separada ou simultaneamente.

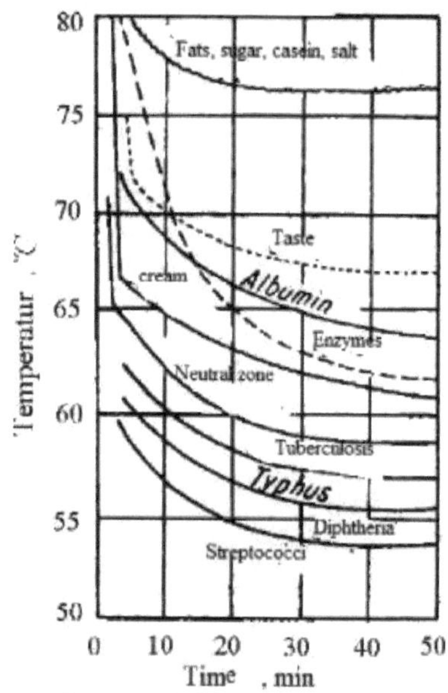

Fig. 1.9. O efeito da pasteurização nos componentes do leite

A pasteurização provoca uma alteração da estrutura dos componentes químicos do leite, em maior ou menor grau, em função da temperatura e da duração da manutenção:

► sob a ação do calor, a parte proteica dos glóbulos de gordura é desnaturada, a substância gorda funde-se, dificultando a separação da camada de gordura da superfície; ► por aquecimento acima de 60 °C, as proteínas solúveis são irreversivelmente desnaturadas, sendo as mais afectadas, por ordem, as globulinas com papel imunitário, as globulinas 0 e as globulinas a;

► Os aminoácidos são desnaturados pelo enxofre com a formação de sulfureto de hidrogénio e formam-se substâncias que alteram o potencial redox do leite;

► a caseína, sob a forma de fosfocaseinato de cálcio, altera o seu equilíbrio a temperaturas superiores a 75-80 °C, o que provoca dificuldades no processo de coagulação;

► A lactose decompõe-se a temperaturas superiores a 100 °C em ácidos orgânicos, álcoois e aldeídos;

► o equilíbrio mineral altera-se devido ao calor e à eliminação de dióxido de carbono, os fosfatos de cálcio solúveis transformam-se em fosfato tricálcico insolúvel que precipita e, a temperaturas superiores a 100 °C, os citratos de cálcio e de magnésio também precipitam;

► As vitaminas são parcialmente destruídas, especialmente na presença de oxigénio a 80 °C (A, B1, B12, C); na ausência de ar, a temperatura pode subir até 100-110 °C, sendo o teor de vitaminas aproximadamente o mesmo que o do leite original.

Na prática, são utilizados vários métodos de pasteurização do leite, cada um deles com as suas vantagens e desvantagens, sendo a temperatura e o tempo de retenção as grandezas variáveis sobre as quais se exerce um controlo cuidadoso:

► pasteurização de baixa ou longa duração: consiste em aquecer o leite a 63-65 0C e mantê-lo durante 30 minutos a esta temperatura; não altera significativamente a estrutura química e recomenda-se a sua aplicação ao tratamento do leite utilizado como matéria-prima no fabrico de queijos;

► alta pasteurização: consiste em aquecer o leite a 72-75 °C e mantê-lo durante 15 segundos; ocorre uma decomposição dos sais de cálcio e de fósforo, que tem por efeito reduzir a capacidade de coagulação do leite e as enzimas são inactivadas; o método é recomendado para o tratamento do leite de consumo;

► pasteurização instantânea ou flash: consiste no aquecimento rápido do leite a temperaturas superiores a 75-80 °C, seguido de um arrefecimento brusco; este método é recomendado para o tratamento de leite de baixa qualidade.

Pode haver um número infinito de combinações de pares temperatura-tempo de retenção, a relação Inr =a - 0T que define a condição mínima para a destruição do bacilo da tuberculose é representada pela direita a (fig. 1.10.). Qualquer outra combinação que se encontre acima desta linha satisfará a exigência bactericida. A direita marcada com c representa o nível a partir do qual, se for ultrapassado, começam as alterações das propriedades iniciais do leite e que, para além do efeito bactericida, provoca também alterações irreversíveis na composição do leite. No intervalo entre as duas rectas, podem obter-se combinações de temperatura-tempo de retenção que se enquadram nos limites de qualidade impostos à operação. O regime ótimo de pasteurização do leite corresponde às combinações definidas pela direita b.

Os pasteurizadores de placas são utilizados quase que exclusivamente por serem de construção simples, trabalharem em fluxo contínuo e com altas vazões, realizarem um processo de trabalho fechado com baixo consumo de energia e permitirem completa automação da operação. Na figura 1.11 é apresentado o princípio de funcionamento do pasteurizador de leite, e na figura 1.12 o diagrama de uma planta de pasteurização de leite modelo PDN 1010.

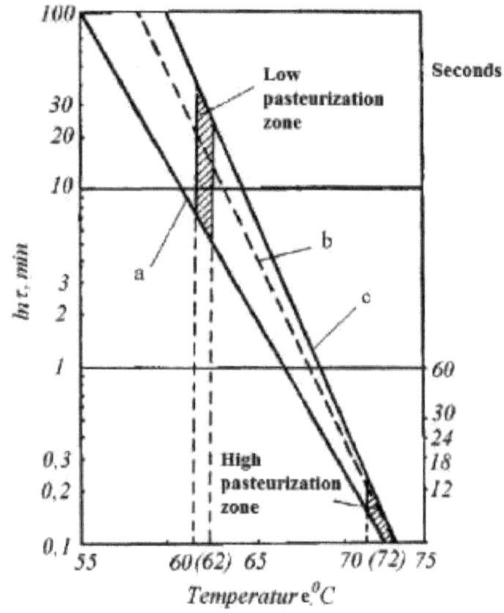

Fig. 1.10. Esquema de pasteurização

O leite do tanque 1 (fig. 1.11) é enviado pela bomba 2 para a zona III do pasteurizador onde circula em contracorrente com o leite pasteurizado quente, aquecendo. Daqui passa para a zona IV onde é novamente aquecido, e com a ajuda de água quente, até à temperatura óptima de homogeneização. Passa para o tanque tampão isotérmico 4 e, com a ajuda da bomba 5, para o homogeneizador 6, onde ocorre a quebra dos glóbulos de gordura.

A partir daqui, o leite entra na zona V, onde recebe o calor do leite pasteurizado e aquece, atingindo a temperatura de pasteurização na zona VI através do aquecimento a vapor. A esta temperatura, o leite sai do pasteurizador e é mantido durante o tempo necessário para atingir o efeito bactericida (na zona de retenção), após o que regressa à zona V e depois à zona III, onde cede continuamente calor ao leite que entra no pasteurizador.

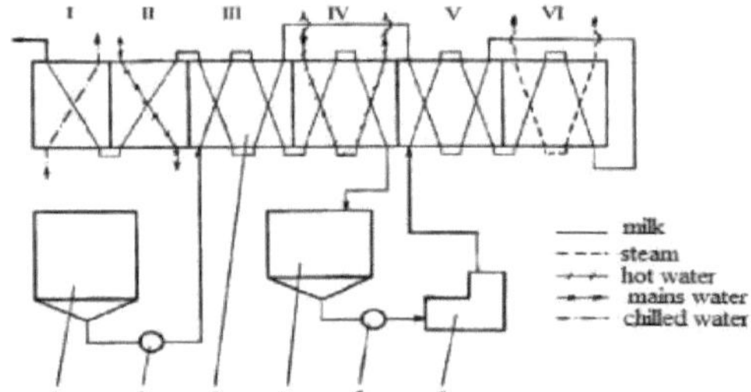

Fig 1.11. Como funciona o pasteurizador de placas

O leite passa pela zona II, onde é arrefecido com água da rede, e pela zona I, onde é arrefecido com água arrefecida a 24 °C, temperatura a que é armazenado em recipientes isotérmicos ou passa diretamente para as máquinas especiais de dosagem e acondicionamento.

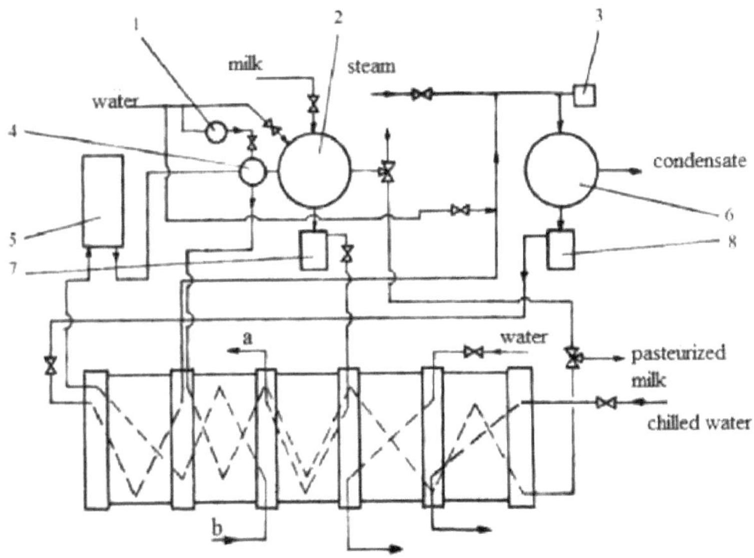

Fig. 1.12. Esquema de funcionamento do pasteurizador PDN 1010: a- em direção ao separador centrífugo; b- a partir do separador centrífugo; 1- bomba de água; 2- tanque de alimentos; 3- válvula de regulação de temperatura; 4- válvula de recirculação; 5- permutador de calor (área de manutenção); 6- caldeira de água quente; 7- unidade de bombagem de leite; 8- unidade de bombagem de água quente.

Com a implementação desta via tecnológica, o consumo de energia térmica é significativamente reduzido, sendo a velocidade de movimentação do leite a correspondente ao regime temperatura-tempo de manutenção estabelecido. Um método de higienização do leite consiste em associar a pasteurização a uma separação dos microrganismos do leite, através de separadores centrífugos especialmente construídos para o efeito (têm uma velocidade de trabalho entre 15.000-30.000 rpm).

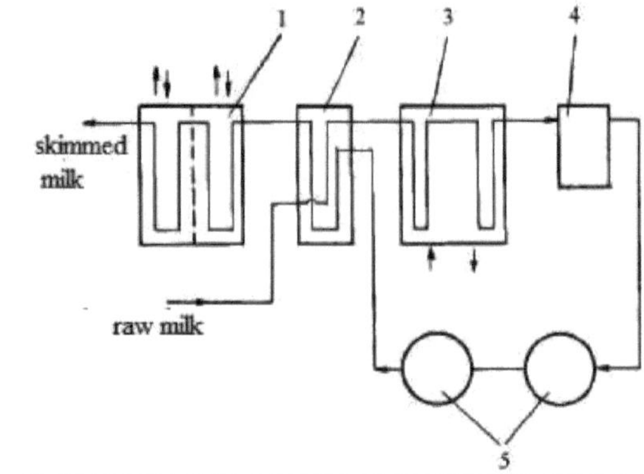

Fig. 1.13. Diagrama da instalação de uma hotte: 1- área de arrefecimento; 2- recuperação de calor;
3- zona de aquecimento; 4- homogeneizador; 5- supercentrífugas

Em regra, as instalações deste tipo têm um pasteurizador de placas e duas supercentrifugadoras ligadas em série (fig. 1.13).
Através do efeito bactericida do pasteurizador, os microrganismos são destruídos e, com base na diferença de massa entre as células microbianas e as do leite, a sua eliminação quase completa do leite.
A fim de retardar o desenvolvimento e a multiplicação dos restantes microrganismos que permanecem no leite após a pasteurização (especialmente as formas esporuladas) ou dos que penetram depois de deixarem o pasteurizador, é necessário arrefecer o leite a uma temperatura de 2-4 °C. Na maior parte das vezes, esta operação é efectuada na zona de arrefecimento do pasteurizador.
Esterilização do leite. Uma vez que os microrganismos resistentes ao calor e as formas esporuladas não podem ser destruídas pela pasteurização, a duração do armazenamento do leite é limitada, pois a microflora remanescente causa alterações importantes na composição do leite, mesmo a baixas temperaturas. Entre estes microrganismos, Bacillus stearo- thermophylus é o mais resistente à temperatura, sendo a variação da concentração de esporos ao longo do tempo para várias temperaturas mostrada na figura 1.14. Observa-se que a diminuição do número de esporos ocorre a temperaturas superiores ao ponto de ebulição à pressão normal e que a velocidade de destruição dos esporos aumenta rapidamente com a temperatura.

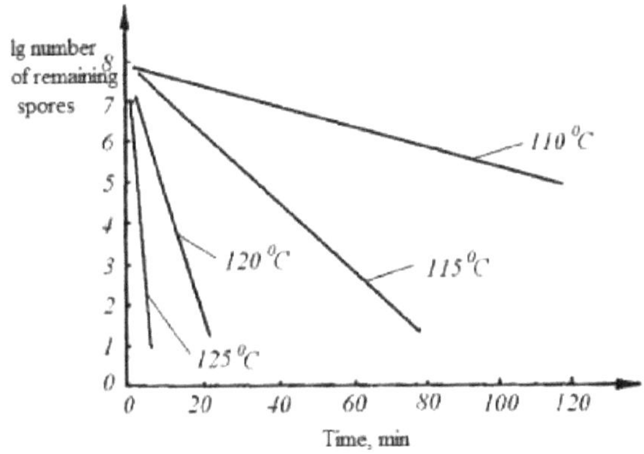

Fig. 1.14. A diminuição do número de esporos de Bacillus stearothermophilus com a temperatura

Ao estabelecer o regime ótimo de esterilização, os efeitos das altas temperaturas nas propriedades físico-químicas do leite, as alterações na sua estrutura e composição também devem ser conhecidos. Uma reação importante, do ponto de vista das propriedades organolépticas, é a reação entre a lactose e as proteínas e que conduz ao aparecimento de uma cor castanha (processo de acastanhamento). Os ensaios e estudos efectuados sobre as instalações de esterilização permitiram a elaboração de alguns diagramas de esterilização, um dos quais é o da figura 1.15.

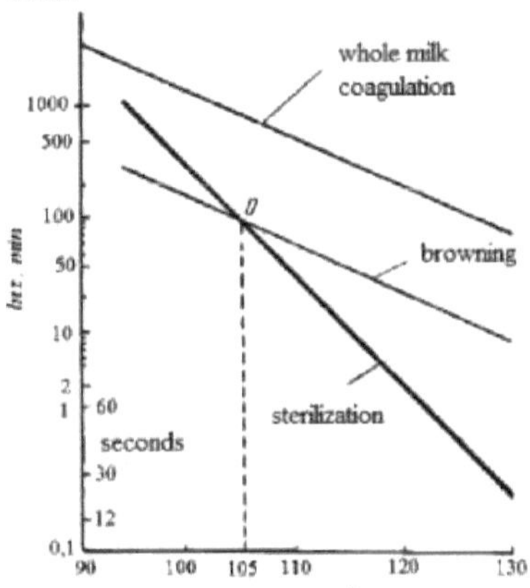

Fig. 1.15. Diagrama de esterilização Webb-Holm

A curva de Browning representa o limite a partir do qual, uma vez ultrapassado, surgem alterações na composição do leite. A intersecção da curva de esterilização com a curva de brunificação ocorre no ponto 0 e verifica-se que, quanto mais o regime térmico se situa à esquerda, menor é a velocidade de destruição dos esporos e maior é a possibilidade de se produzirem alterações estruturais no leite. À medida que o regime térmico é mais elevado e a velocidade de destruição dos esporos aumenta, a possibilidade de produzir alterações na composição do leite é mínima. Este é também o princípio subjacente à esterilização do leite a altas temperaturas, denominada UHT (Ultra High Temperature)

O regime de trabalho UHT caracteriza-se pelo aquecimento rápido do leite a temperaturas de 145-150 °C, durante vários segundos a menos de um segundo, seguido de um arrefecimento rápido até à temperatura de 2-4 °C, sendo o leite transferido para a embalagem em instalações sépticas.

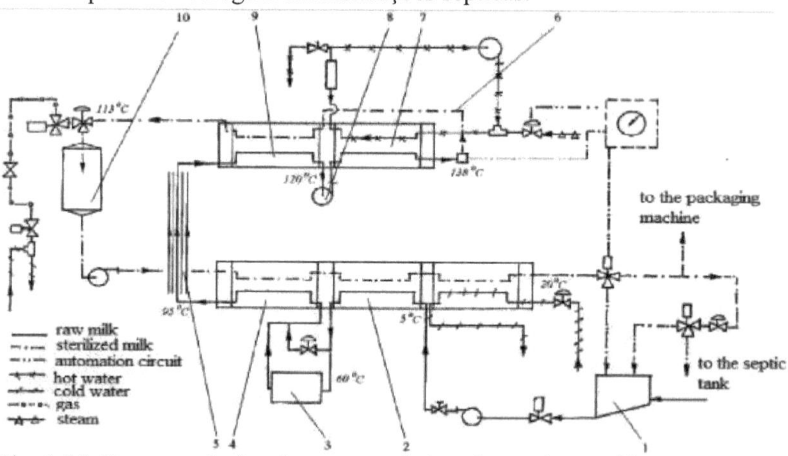

Fig. 1.16. Esquema de funcionamento da instalação de esterilização de leite STERILPLAK: 1- tanque de alimentação; 2- zona de recuperação de calor I; 3- homogeneizador; 4- zona de recuperação de calor II; 5- zona de manutenção da temperatura; 6- tubo de manutenção da temperatura de esterilização; 7- zona de esterilização; 8- bomba centrífuga; 9- zona de recuperação de calor III; 10- dispositivo de desgaseificação.

Os processos de esterilização podem ser em fluxo contínuo ou descontínuo, consoante o tipo de equipamento utilizado. A esterilização também pode ser feita com leite embalado ou a granel (fluxo contínuo), sendo os esterilizadores hidrostáticos mais difundidos na prática industrial.

A figura 1.16 mostra o esquema de funcionamento de uma instalação de esterilização de leite do tipo permutador de calor de placas, composta por dois corpos, uma serpentina de manutenção e um dispositivo de desgaseificação.

O leite da bacia de alimentação 1 é levado para a zona de recuperação de calor I, é aquecido a 60°C, retirando o calor do leite esterilizado e passa para o homogeneizador 3. A partir daqui o leite chega à zona de recuperação de calor 4

onde, por circulação em contracorrente com o leite esterilizado, é aquecido a 95 °C com manutenção durante 20-40 segundos na zona 5 (produz-se uma melhor estabilização das proteínas, reduzindo assim o risco da sua desnaturação durante a esterilização).
O leite chega ao segundo corpo da instalação onde é aquecido a 120 °C na zona de recuperação de calor 9 e depois a 138 °C na zona 7. O leite que atingiu a temperatura de esterilização é mantido por um período máximo de 4 segundos e circula através do tubo de manutenção externo 6, um processo controlado por um circuito de automação. Do tubo de manutenção, o leite esterilizado passa para a zona de recuperação de calor 9, onde a sua temperatura desce para cerca de 113 °C, depois passa pelo desgaseificador 10 e, em seguida, arrefece em duas fases (zona 4 em contracorrente com o leite e zona 2 com água fria) até 20 °C.
Os parâmetros tecnológicos do processo de trabalho são controlados por um sistema de automatização que permite a recirculação do leite e a regulação dos fluxos de vapor, água quente e fria, bem como o tempo de permanência à temperatura de esterilização.

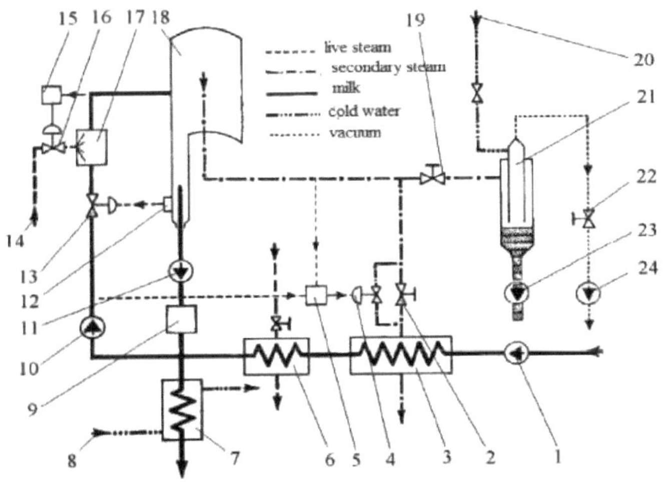

Fig. 1.17. Esquema de funcionamento de uma instalação de esterilização por injeção de vapor: 1- bomba de alimentação; 2,19- válvula de regulação do vapor secundário; 3,6- pré-aquecedor; 4- válvula pneumática de regulação automática do vapor secundário; 5- dispositivo de regulação automática da densidade do leite; 7- refrigerador; 8,20- alimentação de água de refrigeração; 9- homogeneizador; 10- bomba de leite; 11- bomba de leite esterilizado; 12- indicador de nível; 13- válvula de regulação; 14- alimentação de vapor de alta pressão; 15- regulador de fluxo de vapor; 16- válvula de regulação automática do fluxo de vapor; 17- operador; 18- expansor; 21- condensador; 22- válvula de

regulação de vácuo; 23- bomba de condensação; 24- bomba de vácuo.

Na prática, são também utilizadas instalações onde o agente térmico entra em contacto direto com o leite. O vapor é injetado no leite ou o leite é injetado numa câmara de vapor, sendo esta operação também designada por uperização. Tanto no primeiro caso como no segundo, a água resultante da condensação do vapor é evacuada através de uma queda brusca de pressão.
A figura 1.17 mostra o diagrama de funcionamento de uma instalação de esterilização em que o leite é aquecido por injeção de vapor. O leite fresco é submetido a um pré-aquecimento até 75-80 0C em duas fases, devido ao vapor secundário resultante do expansor. Atingida esta temperatura, é bombeado para a cabeça de injeção do operador, onde, em contacto com o vapor direto, eleva subitamente a sua temperatura para 140-150 0C. A duração da manutenção a esta temperatura depende do tempo de passagem da tubagem que conduz ao expansor. Como resultado do vácuo parcial que aqui encontra, ocorre um relaxamento súbito, um fenómeno acompanhado por uma evaporação intensa. Os parâmetros de trabalho, como a temperatura e a pressão no expansor, são ajustados de modo a que a água evaporada seja equivalente ao vapor condensado na cabeça de injeção do operador. Do expansor, o leite é bombeado para o homogeneizador e, após arrefecimento a 20°C, é enviado para a máquina de embalamento.
A figura 1.18 mostra uma instalação em que o leite é pulverizado num recipiente com vapor sob pressão.

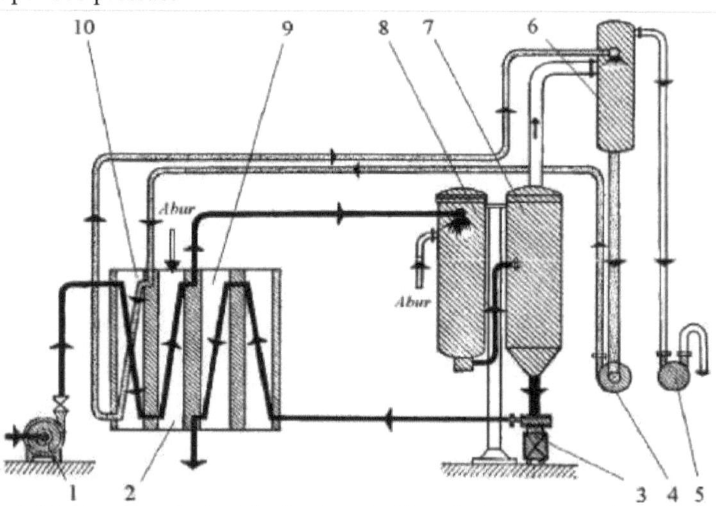

Fig. 1.18. Esquema da instalação de esterilização Thermovac: 1- bomba de alimentação de leite; 2- pré-aquecedor de vapor; 3- bomba de descarga de leite

esterilizado; 4- bomba de recirculação de água; 5- bomba de vácuo; 6- condensador de mistura; 7- vaso de expansão (sob vácuo); 8- vaso de pressão; 9- zona de arrefecimento; 10- zona de pré-aquecimento com água condensada.

Embalagem do leite. Após o arrefecimento, o leite é mantido em tanques isotérmicos a 2-4 0C até ao momento em que é transferido para as máquinas de dosagem e embalagem. Atualmente, utilizam-se sobretudo embalagens não retornáveis, sob a forma de recipientes pré-fabricados ou de recipientes formados no momento da embalagem. Como materiais utilizados para o fabrico das embalagens, podemos mencionar o cartão tratado com parafina ou resinas sintéticas (embalagem tipo Perga), o papel tratado com sulfato de polietileno (embalagem tipo Tetra Pak) e a folha de polietileno termo-selável (embalagem tipo Polipak).

1.2.Tecnologia de fabrico de leite enlatado

O objetivo da conservação dos produtos lácteos é aumentar o seu prazo de validade, destruindo a microflora que causa a deterioração ou criando condições que impeçam o desenvolvimento de processos microbianos nos produtos.

Os métodos de conservação são os seguintes:

- conservação por esterilização: assegura a destruição de todos os microrganismos através de um tratamento térmico e permite uma conservação teoricamente ilimitada;
- conservação por desidratação: consiste em retirar uma quantidade maior ou menor de água, com a consequência de reduzir ou mesmo parar a atividade vital dos microrganismos;
- conservação por adição de açúcar: baseia-se no aumento da pressão osmótica e implica afetar o desenvolvimento dos microrganismos.

Entre os leites enlatados obtidos por estes métodos de conservação, os mais importantes são o leite concentrado esterilizado, o leite concentrado com ou sem açúcar e o leite seco ou leite em pó. Devido ao seu elevado valor nutritivo, ao longo período de conservação e às múltiplas possibilidades de armazenamento e transporte, o leite enlatado é utilizado tanto como tal na alimentação como matéria-prima para o fabrico de produtos em vários sub-ramos da indústria alimentar (padaria, massas, produtos de pastelaria e confeitaria, etc.).

Tecnologia de fabrico de leite concentrado em lata. Da gama de produtos lácteos concentrados, podemos citar o leite concentrado esterilizado, o leite concentrado com açúcar, o leite concentrado com adições (café, cacau, aromas de frutas, etc.), o leite concentrado com creme, o soro de leite e o leitelho concentrado.

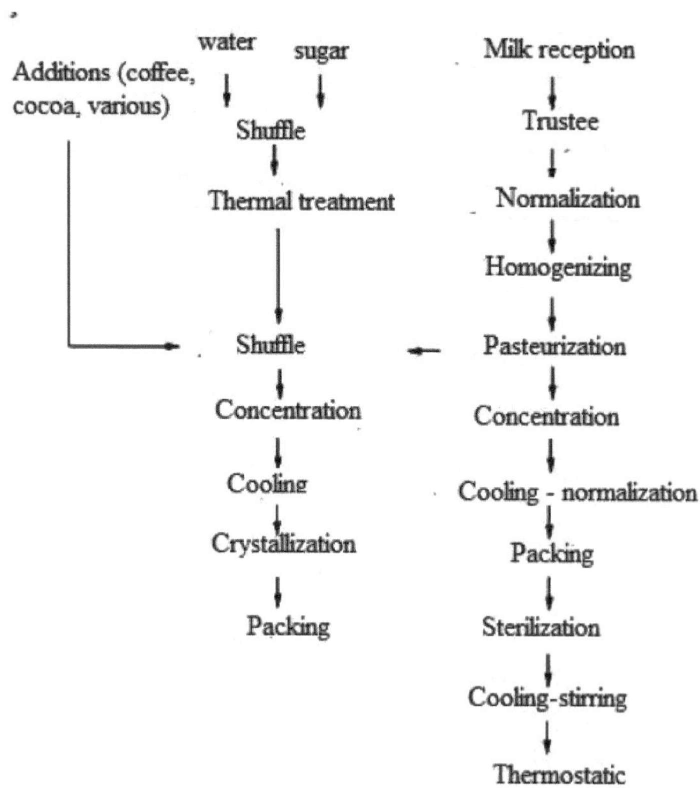

Fig. 1.19. Esquema tecnológico para a obtenção de leite concentrado

A figura 1.19 mostra o esquema tecnológico para o fabrico de leite concentrado esterilizado com vários aditivos.

O leite concentrado com açúcar e outras adições é um alimento muito utilizado na alimentação, sendo que a matéria-prima, respetivamente o leite, tem de cumprir integralmente as condições relativas ao estado de higiene e estabilidade do sistema coloidal.

As fases preliminares são representadas pela receção qualitativa e quantitativa do leite, a limpeza centrífuga e a normalização, tudo com o objetivo de obter uma matéria-prima de qualidade.

A pasteurização tem a função de destruir microrganismos e enzimas, sendo modificadas favoravelmente e algumas propriedades físicas como a viscosidade e a estabilidade do leite. Por norma, a pasteurização do leite destinado à concentração é feita em aparelhos como os permutadores de calor de placas, a temperaturas entre 8595 °C, com uma duração de 10-20 minutos. Este regime de pasteurização térmica permite a destruição total de microrganismos nocivos à saúde, enzimas e germes não esporulados.

A mistura é a operação pela qual o leite pasteurizado é combinado com xarope de açúcar e outras adições, efectuada antes da concentração ou simultaneamente com a concentração do leite.

O açúcar adicionado ao leite tem a função de adoçante e conservante, sendo a sua concentração estabelecida em função do produto final (geralmente 40-45%) e deve ser respeitada porque o excesso de açúcar provoca a supersaturação do produto, com a formação de cristais de sacarose durante a conservação, enquanto que uma concentração inferior deixa de proporcionar condições de conservação.

O açúcar utilizado deve satisfazer plenamente os requisitos físico-químicos e bacteriológicos e, para evitar a contaminação do leite com microrganismos açucarados, é introduzido sob a forma de xarope tratado termicamente (aquecido durante 10 minutos a 9095 °C) diretamente no concentrador, uma vez com o leite ou misturado com leite pasteurizado; em ambos os casos, a temperatura do xarope de açúcar deve ser superior a 80 °C.

Quando a mistura é realizada no concentrador, o leite resultante da pasteurização tem uma temperatura de saída de pelo menos 85 °C, temperatura a que é introduzido nas instalações de concentração, evitando assim, por um lado, a queima do leite (que ocorre quando o leite frio entra em contacto direto com as superfícies aquecidas das câmaras de concentração, afectando a sua cor e sabor), e por outro lado garantindo uma concentração mais rápida e homogénea.

A concentração é uma operação específica e consiste na remoção de parte da água contida no leite com adição de açúcar e outros produtos, tendo como efeito a diminuição do volume e o aumento da concentração em matéria seca, aumentando a pressão osmótica e, implicitamente, o prazo de validade do produto.

Para evitar alterar o equilíbrio coloidal do leite, a remoção parcial da água (a concentração é efectuada a uma razão de 1/2 para 1/3) é feita a baixas temperaturas de um máximo de 50-60 °C sob vácuo, até que a densidade do leite a 50 °C seja de 1,270 - 1,295 e o teor de substância seca a 20 °C seja de 72,8 - 73,0 %.

Na indústria alimentar, utilizam-se numerosas instalações de concentração, para o leite principalmente as de fluxo contínuo e de tipo tubular, com película ascendente ou descendente, sendo a concentração efectuada numa ou mais fases. Uma vez que o leite concentrado é finamente pulverizado nos tubos aquecidos a partir do exterior, conseguindo uma troca de calor muito boa, as instalações de concentração de película descendente são muito utilizadas. A Figura 1.20 mostra o diagrama de uma instalação de concentração do tipo Nagema de dois estágios, e a Figura 1.21 mostra o diagrama de uma instalação de concentração do tipo ANHYDRO de três estágios.

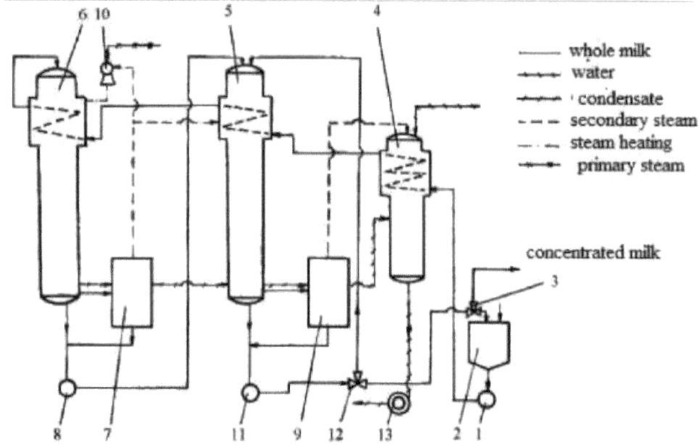

Fig. 1.20. Esquema da instalação de concentração de duplo efeito, termocompressão e downdraft Nagema: 1,8,11- bombas de leite; 2- tanque de leite; 3,12- torneira de três vias; 4- condensador; 5,6- concentradores; 7,9- separadores de gotas; 10- ejetor; 13- bomba de vácuo

A fábrica de Nagema concentra o leite em duas fases aquecidas do exterior com vapor, sendo a depressão nas câmaras de concentração responsável por uma descida da temperatura de vaporização da água para 50-60 °C, sendo a temperatura tanto mais baixa quanto maior for a depressão nas câmaras.

Ao concentrar o leite na unidade de concentração de três fases do tipo ANHYDRO, o processo de trabalho é melhor controlado e os parâmetros de trabalho permitem uma maior qualidade do produto acabado.

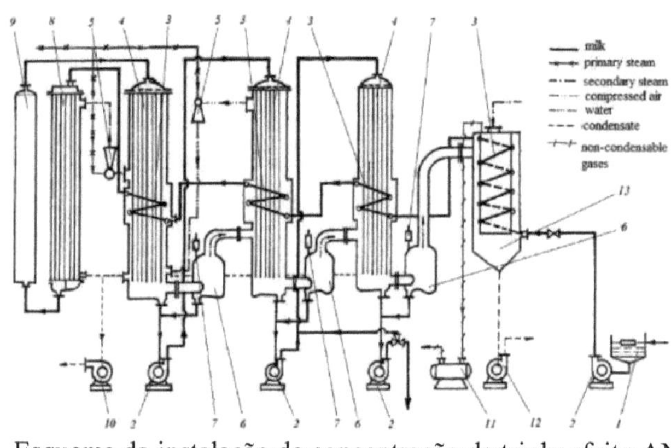

Fig. 1.21. Esquema da instalação de concentração de triplo efeito ANHYDRO: 1- tanque de leite; 2- bomba de leite; 3- circuito de aquecimento; 4-

concentrador; 5- ejetor; 6- separador de gotas; 7- termómetro; 8- pasteurizador; 9- corpo de manutenção da temperatura; 10,12- bomba de condensados; 13- condensador semibarométrico.

Arrefecimento e cristalização do leite concentrado. Após atingir o grau de concentração, o leite deve ser arrefecido rapidamente numa primeira fase e moderadamente na segunda fase. O arrefecimento rápido é necessário tanto do ponto de vista bacteriológico, como também para atenuar os efeitos de espessamento e descoloração favorecidos por temperaturas relativamente elevadas.

Por outro lado, no processo de evaporação da água, forma-se uma solução de lactose no leite que, ao arrefecer, cristaliza. Se o arrefecimento for lento, dá-se a formação de um pequeno número de cristais que crescem muito, dando ao produto uma consistência arenosa, enquanto que um arrefecimento rápido provoca a formação de um grande número de cristais finos no leite, dando-lhe uma consistência mais granulosa.

O leite que sai do concentrador é arrefecido a 30 0C, e para acelerar a cristalização da lactose (com a formação de um grande número de centros de cristalização) adiciona-se 0,1% de leite concentrado ou 0,02% de lactose, após o que o arrefecimento continua até 17 -18 °C, temperatura a que se mantém durante 40-60 minutos com agitação contínua, considerando-se o processo de cristalização correto quando os cristais de lactose não ultrapassam 0,01 mm.

O leite concentrado é armazenado em recipientes fechados, com a possibilidade de correção, se for caso disso, do teor de gordura ou de água, operação que deve ser evitada tanto quanto possível. Se tal for necessário, a normalização do leite concentrado é efectuada, consoante o caso, com água esterilizada fervida e filtrada, natas ou leite desnatado que tenha sido submetido a uma pasteurização semelhante à do leite concentrado.

Embalagem do leite concentrado. A partir dos recipientes de armazenamento, o leite concentrado é embalado e, para evitar possíveis contaminações, a operação é efectuada em salas especiais com condições de higiene rigorosas. O ar da sala de embalagem é filtrado de forma estéril e mantido a uma temperatura constante de 14-16 °C, e as embalagens são esterilizadas com vapor ou raios ultravioleta, no primeiro caso a secagem é efectuada com ar estéril.

Leite concentrado esterilizado. O leite gordo ou desnatado pode ser utilizado como matéria-prima, sendo o produto acabado consumido como tal ou utilizado em vários sub-ramos da indústria alimentar. Como produto, é semelhante ao leite concentrado com açúcar e outras adições, com a diferença de que neste caso a conservação é assegurada por esterilização, sendo a composição química dos dois tipos de produtos apresentada no quadro 1.1.

Quadro 1.1. Composição química média dos produtos lácteos concentrados, em %

Componente	Leite condensado com açúcar	Leite concentrado esterilizado
A água	25-27	50-70
Matéria seca total	28-32	25-50
Gorduras	8-9	8-15
Substância seca não gorda	20-24	20-35
Proteína	8-9	8-15
Lactose	11-14	11-15
Sais minerais	1.5-1.8	1.4-1.7
Sacarose	40-45	-

As operações preliminares de receção, limpeza, normalização e homogeneização são semelhantes às do leite concentrado com adições. A pasteurização caracteriza-se por um regime térmico mais rigoroso, sendo o leite mantido durante 10 minutos a uma temperatura de 95-100 °C.

A concentração é efectuada nos mesmos tipos de instalações, com a menção de que o grau de concentração depende do tipo de produto e tem valores entre 25-50% U.S., na maioria dos casos a concentração vai até 26-28% U.S., o que corresponde a uma densidade de 1.055 -1.065 a uma temperatura de 20 °C.

A homogeneização é aplicada imediatamente após a concentração e tem como objetivo dispersar a gordura e homogeneizar a emulsão, evitando assim a sua posterior separação, sendo a estabilidade também favorecida pelo aumento da viscosidade do leite após a homogeneização. Para tal, são utilizados homogeneizadores com choque mecânico em que a pressão na primeira fase é de 170-250 atmosferas e de 50 atmosferas na segunda fase, sendo que o aumento da pressão provoca um aumento da viscosidade.

O arrefecimento e a normalização do leite concentrado esterilizado consistem em levá-lo a uma temperatura de 10-12 °C e armazená-lo em válvulas ou tanques isotérmicos durante um máximo de 13-15 horas. A normalização é uma operação que deve ser evitada, mas que, no caso de se exceder o grau de concentração em matéria seca ou de o teor de gordura não ser o desejado, pode ser efectuada mas em condições de higiene rigorosas e com produtos termicamente tratados semelhantes ao leite concentrado, evitando assim infectá-lo.

O acondicionamento do leite concentrado é feito em caixas metálicas de várias capacidades, hermeticamente fechadas e sujeitas a um controlo de estanquicidade, para o que são utilizadas máquinas de acondicionamento especiais.

A esterilização é a operação principal e tem por objetivo a destruição completa dos microrganismos e das enzimas, favorecendo este tratamento térmico um aumento da viscosidade do leite concentrado. As instalações de esterilização são do tipo com funcionamento contínuo ou descontínuo, em ambos os casos a duração média da esterilização é de 15 minutos a uma temperatura de 115 °C.

Arrefecimento e agitação. Após o fim do processo de esterilização, as latas de metal com leite concentrado são arrefecidas a 20-25 °C, por pulverização de água fria durante 15-20 minutos, e para homogeneizar o conteúdo, a agitação é feita durante 2-5 minutos em dispositivos especiais.

A termostática é uma operação necessária para verificar a estabilidade e a eficácia da esterilização. Para o efeito, as latas de leite concentrado são conservadas durante 10 dias numa sala cuja temperatura é mantida constante a 37 °C, após o que, após triagem, são retiradas as que apresentam abaulamentos ou estão mal fechadas. Finalmente, as caixas são armazenadas em caixotes a uma temperatura de 5-15 °C, em salas com uma humidade do ar de 85%.

Os produtos lácteos secos são apresentados sob a forma de pó, cuja consistência é assegurada pela remoção de cerca de 95% da água que contêm. O principal problema destes produtos é manter inalteradas as características da matéria-prima, de modo a que, através da sua dissolução em água, seja possível reconstituir a matéria-prima com a maior exatidão possível.

Esta categoria de produtos enlatados inclui leite em pó gordo, leite em pó creme ou desnatado em várias proporções, leite em pó acidificado com ácido lático, leite em pó acidificado por fermentação, ao qual se adiciona soro de leite e leitelho em pó. Devido ao seu elevado prazo de validade e à possibilidade de obter composições constantes, os produtos secos têm sido muito utilizados na produção de sortidos utilizados na alimentação infantil, bem como na indústria de pastelaria e confeitaria.

O leite em pó gordo ou desnatado é obtido de acordo com um esquema tecnológico como o da figura 1.22, sendo as principais fases tecnológicas o tratamento preliminar do leite, a sua concentração e a secagem. A composição química média do leite em pó é apresentada no quadro 1.2.

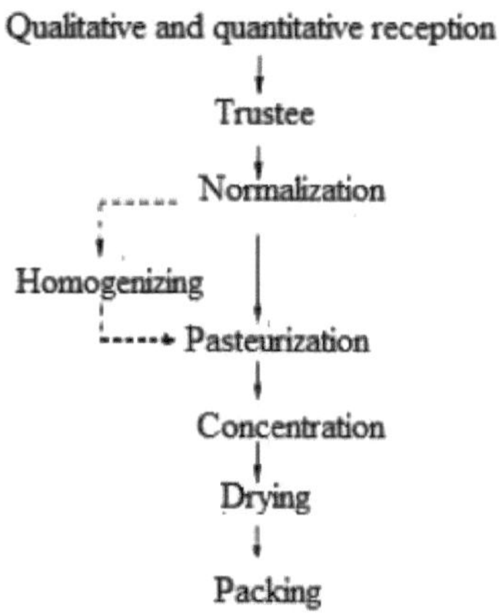

Receção qualitativa e quantitativa
Administrador
Normalização
Homogeneização Pasteurização
Concentração
Mergulho
Embalagem

Fig. 1.22. Esquema tecnológico de fabrico de leite em pó

A matéria-prima utilizada deve corresponder qualitativamente às normas impostas, como no caso do leite concentrado. Depois de passar pela centrifugadora, o leite é sujeito a uma normalização, de forma a obter um produto acabado com a composição desejada. Recomenda-se que o leite utilizado no fabrico de produtos secos seja homogeneizado, conseguindo-se assim um aumento da digestibilidade e conservação, com base na redução dos processos de oxidação da gordura do leite.

A pasteurização do leite é necessária para obter leite em pó, porque os métodos de secagem não garantem a destruição completa de alguns germes patogénicos. Assim, na prática, a temperatura de pasteurização superior a 80 °C é escolhida para o leite creme e superior a 85-90 °C no caso do leite gordo ou normalizado.

A concentração do leite antes da secagem é necessária porque reduz consideravelmente a duração do processo de trabalho e aumenta a eficiência da instalação de secagem e, devido à concentração, o produto acabado tem um pequeno grau de soltura, facilitando a embalagem. Na obtenção de produtos secos, o grau de concentração é superior ao dos produtos lácteos concentrados, sendo de 47-48% U.S.

A secagem do leite assegura a eliminação da água através de dois processos: a secagem por película e a secagem por pulverização.

Quadro 1.2. Composição química média do leite em pó, em %

Componente	Leite gordo em pó	Leite em pó cremoso
A água	4	5
Substância seca	96	95
Gorduras	25	0.3-0.9
Lactose	35-39	45-51
Proteína	26-30	34-39
Sais minerais	6-7	6-9
pH do leite reconstituído	6.5	6.5

O processo de secagem do leite em película ou em rolos consiste em colocar o leite concentrado, sob a forma de película, na superfície de alguns cilindros rotativos cuja temperatura é de 140-150 °C, durante um período de 2-3 segundos. Espalhada uniformemente sobre a superfície dos cilindros, a película de leite, pré-aquecida a cerca de 70 °C, elimina rapidamente a água, de modo a que o leite não atinja efetivamente a temperatura dos cilindros. A película seca, formada na superfície dos rolos, é destacada com a ajuda de facas de raspagem e enviada para moagem em moinhos de martelos. Os rolos são aquecidos no interior com vapor, têm uma velocidade de trabalho de 15-20 rpm, para que o tempo de contacto da película com a sua superfície seja o especificado.

A qualidade do trabalho é influenciada pelo grau de concentração do leite, pela manutenção constante da temperatura dos rolos, pela existência de uma película de leite uniformemente distribuída na superfície de trabalho, pela evacuação da água evaporada e do ar húmido do local de trabalho. A não obtenção destas condições provoca o sobreaquecimento do leite e aumenta o risco de queima, com efeitos desfavoráveis na qualidade e nas propriedades organolépticas.

O processo de secagem do leite por pulverização ou atomização consiste na pulverização fina, sob a forma de uma névoa de vapor de leite concentrado, num recinto ou câmara de secagem onde é introduzido ar quente.

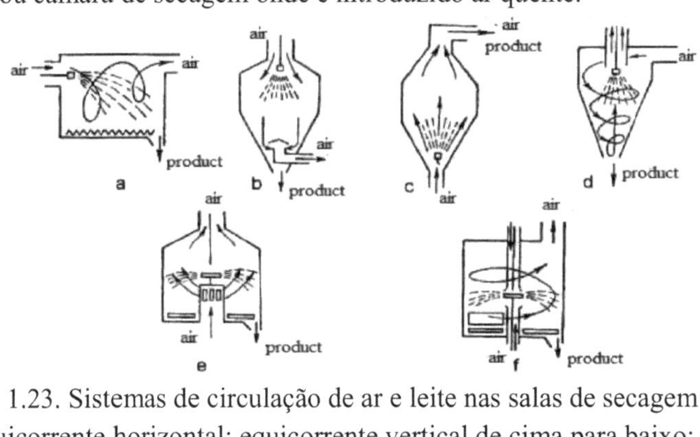

Fig. 1.23. Sistemas de circulação de ar e leite nas salas de secagem: a- em equicorrente horizontal; equicorrente vertical de cima para baixo; c- em

equicorrente vertical de baixo para cima; d- em corrente mista helicoidal; e- contra a corrente; f- em contracorrente mista circular.

Na prática, existem muitas variantes de câmaras de secagem, quer em termos de construção, quer do ponto de vista do sistema de circulação do ar quente e do leite concentrado (fig. 1.23). Em qualquer uma destas soluções, o leite é pulverizado no interior da câmara, sendo para isso utilizados dispositivos de pulverização, que podem ser:

- Dispositivo de pulverização com injetor: o leite concentrado é enviado sob uma pressão entre 140-210 bar, através de um orifício com um diâmetro de 0,10-0,125 mm, sendo finamente pulverizado; têm a desvantagem de os bicos tenderem a entupir, bem como a deformar o jato em resultado do desgaste dos orifícios ao longo do tempo;
- dispositivos de pulverização pneumática: o leite concentrado é enviado sob pressão através de um orifício, sendo a pulverização acentuada por jactos de ar comprimido que se dispersam em partículas muito finas;
- dispositivos de pulverização centrífuga: o leite concentrado é introduzido à pressão normal numa cabeça de pulverização equipada com orifícios e que roda a velocidades que variam entre 6000-20000 rpm; o tamanho das gotas depende da velocidade de rotação e, em comparação com os dois primeiros dispositivos, as partículas de leite em pó resultantes são maiores.

A figura 1.24 mostra o esquema da instalação de secagem de leite ANHYDRO, e a figura 1.25. Instalação do Niro-Atomizador. A alta temperatura do ar quente e a grande superfície de troca de calor entre as partículas de leite e o ar, causam a secagem instantânea do leite, com a vantagem de que, devido à evaporação muito rápida da água, as gotas de leite atingem uma temperatura de 62-65 °C, e o tempo de contacto com o agente de aquecimento é muito curto.

O leite em pó obtido por secagem por pulverização é qualitativamente superior, em termos de solubilidade, ao que é seco em rolos, tendo um grau de solubilidade superior a 99%, em comparação com 80-85%, por outro lado, o leite em pó obtido por secagem sob a forma de película tem um teor de germes (especialmente formas esporuladas) inferior ao obtido por pulverização e, devido às alterações que as gorduras e as proteínas sofrem sob a ação do calor quando em contacto com os rolos, uma digestibilidade superior.

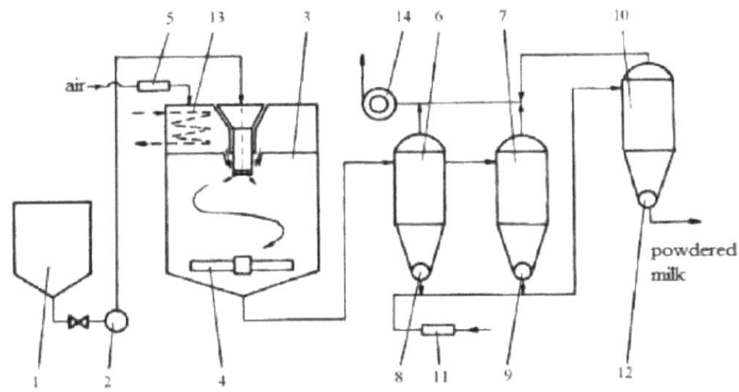

Fig. 1.24. Esquema da instalação de secagem de leite tipo ANHYDRO: 1- tanque de leite; 2- bomba; 3- torre de secagem; 4- palheta de descarga de pó; 5.11- filtro de ar;
6,7- ciclone; 8,9,12- eclusa; 10- separação final do ciclone; 13- aquecedor de ar; 14- ventilador de ar usado

Embalagem de leite em pó. Caracterizado por uma elevada higroscopicidade, o leite em pó é influenciado qualitativamente pelo ar, luz e calor, pelo que os materiais de que é feita a embalagem devem apresentar uma boa resistência mecânica, bem como impermeabilidade à água e ao ar.

O material mais utilizado na embalagem do leite em pó é o polietileno, aplicado como camada interna da embalagem de papel e que é fechado por termossoldadura. Para garantir uma melhor proteção contra a água e os gases, foram fabricados materiais combinados como o pliofilme-papel vegetal-polietileno (utilizado na embalagem a vácuo) ou a folha de alumínio revestida com polietileno ou pliofilme.

O leite em pó destinado a alguns ramos industriais é embalado em caixas metálicas de estanho ou em sacos de papel de várias camadas, revestidos no interior com polietileno. Alguns dos produtos lácteos secos destinados à alimentação infantil são também embalados em caixas metálicas, sendo estes melhorados em termos de conteúdo e valor energético com vitaminas, sais minerais, proteínas, hidratos de carbono, diversos aromas, etc.

Independentemente do tipo de embalagem utilizado, a operação de embalagem é efectuada em espaços isolados e com medidas de higiene rigorosas, sendo a maior parte das vezes a embalagem efectuada em máquinas automáticas numa atmosfera de gás inerte.

Os produtos lácteos ácidos secos destinam-se quase exclusivamente à alimentação das crianças, nomeadamente dos bebés que não podem beneficiar de leite materno suficiente. Para que o leite de vaca atinja condições de composição e digestibilidade próximas do leite materno, é submetido a operações de transformação específicas, com efeitos sobre a caseína, a gordura e a lactose.

Se a estes produtos forem adicionados produtos acidificados e compostos como a dextrina, a sacarose ou a maltose, obtém-se uma distribuição homogénea dos flocos de caseína e de gordura, o produto será mais facilmente reabsorvido pelo aparelho digestivo do lactente, com a formação e o desenvolvimento de uma microflora intestinal capaz de sintetizar o complexo de vitaminas B.

Da categoria de produtos lácteos ácidos secos, podemos mencionar: leite fermentado seco ou bib, leite seco acidificado com ácido lático e leite seco acidificado com ácido lático e hidratos de carbono adicionados.

A matéria-prima é o leite de vaca de muito boa qualidade, proveniente de animais criados em pastagens, sem serem alimentados com forragens fermentadas e forragens concentradas, em que o tempo decorrido entre o momento da ordenha e a transformação é o mais curto possível.

O leite em pó fermentado é obtido a partir de leite gordo ou desnatado, sendo mais frequentemente fabricado a partir de leite com 1,3-1,5% de gordura e que, no produto seco, fornece 14% de gordura.

Para todas as categorias de produtos ácidos secos, o tratamento térmico é bastante rigoroso, porque o objetivo é destruir os germes patogénicos e coliformes, sendo a temperatura de pasteurização de 115-120 °C. Devido à temperatura elevada, a estabilidade dos sais aumenta no processo de concentração e a lipase, que pode afetar o sabor e o cheiro do produto ao dividir a gordura, é destruída.

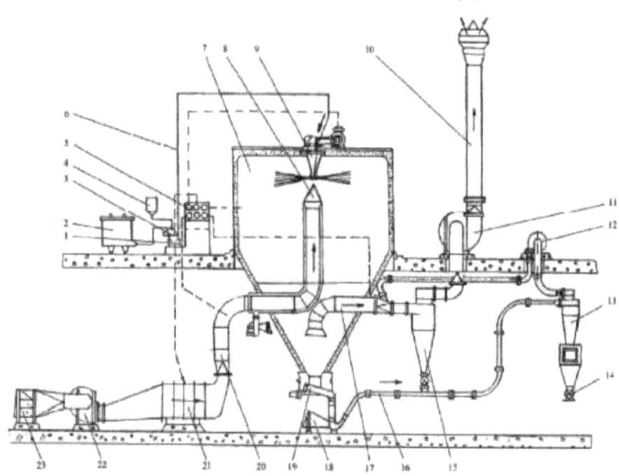

Fig. 1.25. Esquema da instalação de secagem do Niro-Atomiser: 1- bomba de leite;
2- depósito de alimentos; 3- torneira de três vias; 4- cuba com água; 5- painel de

controlo; 6- tubo de alimentos; 7- sala de secagem (torre); 8- distribuidor de ar quente; 9- dispositivo de pulverização; 10- tubo de exaustão de ar; 11,12,22- ventilador; 13,15- ciclone; 14- comporta de descarga do produto; 16- tubo de transporte pneumático; 17- tubo de aspiração da mistura ar-poeira; 18,23- filtro de ar; 19- sistema vibratório; 20- tubo de ar quente; 21- bateria de aquecimento do ar.

O leite pasteurizado passa para instalações de concentração, onde é levado a uma percentagem de 25% de substância seca, valor a partir do qual os processos de fermentação subsequentes permitem obter uma estrutura e viscosidade necessárias para a pulverização nas torres de secagem.

A fermentação do leite concentrado é a operação mais importante do processo tecnológico e é realizada com base em combinações de culturas de Streptococcus lactis e Lactobacillus acidophilus, sob a forma de leveduras de produção, em proporções que garantem uma elevada capacidade de acidificação num curto espaço de tempo, com a formação de um precipitado uniforme com estruturas finas, homogéneas e fluidas. O regime de fermentação depende do tipo de produto final e é efectuado durante 6,5-7 horas a uma temperatura de 30° C, em recipientes termostáticos especiais, na segunda parte do intervalo de tempo é assegurada uma mistura (agitação) do leite para produzir a homogeneização da composição como resultado da precipitação da caseína, sendo a acidez final do leite de $550\text{-}600^{\circ}$ T.

Após a fermentação, o leite concentrado é homogeneizado num só passo a uma pressão de 120-150 bar, após o que é passado para a cabeça de pulverização centrífuga, de construção especial, da instalação de secagem. Aqui, o tempo de contacto com o ar quente deve ser o mais curto possível, sendo o leite em pó evacuado imediatamente da torre de secagem e arrefecido a 25 0C, de modo a evitar possíveis alterações nas gorduras.

O acondicionamento do leite em pó fermentado é efectuado em máquinas especiais, sob vácuo, em caixas metálicas, o que permite a sua conservação durante muito tempo.

O leite em pó acidificado com ácido lático é um produto obtido a partir de leite de vaca, normalizado para 2,9-3,0% de gordura e que, após secagem, apresenta um teor de gordura de 26%, semelhante ao leite gordo em pó. Após pasteurização e concentração a 23% de matéria seca, o leite é submetido à operação de acidificação.

A operação de acidificação é a que determina a qualidade do produto acabado e deve ser efectuada com grande cuidado. O objetivo é precipitar a caseína sob a forma de partículas finas e assegurar um pH que permita a inibição da ação de alguns microrganismos da flora intestinal, mas também uma melhor digestibilidade. Para uma boa acidificação do leite concentrado, utiliza-se ácido lático alimentar numa concentração de 50%, devendo a quantidade adicionada assegurar uma acidez de 440450° T, e um valor de pH de 4,62. São efectuadas a uma temperatura de trabalho de 30^0 C, durante 30-40 minutos e com agitação permanente do leite.

As operações de homogeneização, secagem e embalagem são semelhantes às do leite em pó fermentado.

O leite em pó acidificado e adicionado de hidratos de carbono tem a mesma tecnologia de fabrico que o acidificado, com a diferença de que à matéria-prima é adicionada uma mistura de hidratos de carbono que, através da ação estabilizadora sobre os colóides, impedem a precipitação da caseína sob a forma de partículas grosseiras, aumentando o valor nutricional e energético do produto.

I.3. Tecnologia de fabrico de produtos lácteos azedos

Os produtos lácteos ácidos são os produtos preparados a partir do leite com culturas de bactérias lácticas. Assim, a lactose presente no leite é fermentada por bactérias lácticas com a formação de ácido lático, facto que provoca um aumento da acidez do leite e a sua coagulação.

As bactérias lácticas que participam na fermentação do leite têm uma ação antimicrobiana sobre numerosas bactérias patogénicas e, graças ao ácido lático que produzem, impedem o desenvolvimento de uma microflora nociva no intestino. Além disso, sob a ação das bactérias lácticas, as substâncias proteicas sofrem grandes transformações químicas, sendo decompostas em formas mais facilmente assimiláveis pelo organismo.

Os produtos lácteos ácidos contêm todos os elementos nutritivos do leite a partir do qual são preparados, são completamente assimilados, têm um efeito anti-sético e restauram a microflora intestinal, razões pelas quais são também utilizados com um papel curativo, no tratamento nutricional de várias doenças, mas também para satisfazer as necessidades fisiológicas do organismo.

Da gama de produtos lácteos ácidos, os mais difundidos são o iogurte, o leite batido, o leite acidófilo e o kefir, sendo o esquema tecnológico do seu fabrico apresentado na figura 1.26. Nalgumas matérias, estes produtos lácteos ácidos são também chamados dietéticos porque podem ser preparados a partir de leite desnatado, até um teor de gordura de 0,1%.

Preparação de leveduras ou de culturas de produção. Os animais ou as culturas de produção têm um papel determinante na obtenção de um determinado processo de fermentação, mas também no valor nutritivo e nas características organolépticas do produto acabado.

Os leites são culturas constituídas por uma ou mais espécies de bactérias lácticas, cultivadas através de transplantes repetidos no leite e que, ao semearem no leite, imprimem nele um determinado processo fermentativo, constituindo a sua qualidade e pureza bacteriológica, juntamente com a matéria-prima, um fator muito importante para a obtenção de produtos qualitativamente adequados.

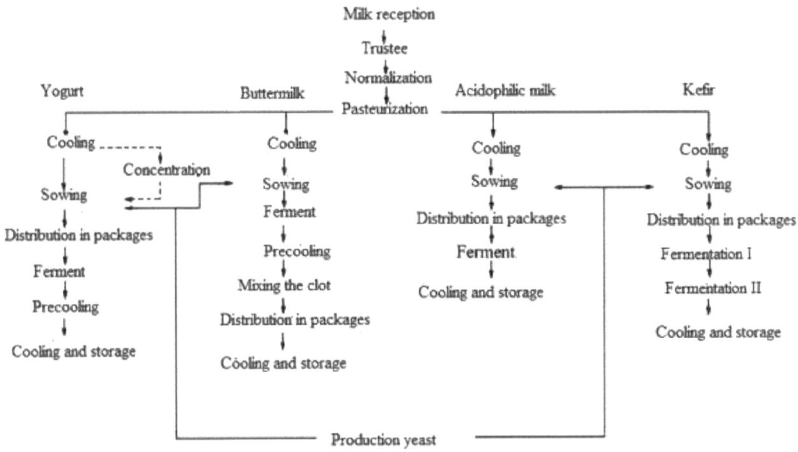

Fig. 1.26. Esquema tecnológico para o fabrico de produtos lácteos azedos

O leite destinado à preparação do leite deve ser fresco, de muito boa qualidade e proveniente de animais saudáveis, periodicamente sujeitos a controlo higiénico. É pasteurizado em válvulas especiais durante 30 minutos a uma temperatura de 90-95 °C, após o que é imediatamente arrefecido à temperatura de sementeira.

A sementeira de leite é feita com culturas puras seleccionadas, preparadas em laboratórios especializados. São fornecidas em estado líquido (são mais activas, mas são mais difíceis de transportar e têm um prazo de validade reduzido) ou seco (liofilizadas por secagem a baixas temperaturas, são menos activas mas podem ser armazenadas durante um período de tempo mais longo). Para a produção de produtos lácteos ácidos, são utilizadas culturas separadas ou mistas, constituídas por estirpes da mesma espécie, sendo os indicadores mais importantes o poder acidificante e a capacidade aromatizante.

O fermento primário é obtido por inoculação de leite pasteurizado e arrefecido com cultura pura de laboratório; o tipo de cultura, a proporção de inoculação, a temperatura e a duração do termóstato dependem do produto para o qual o fermento é preparado. Após o termostato, a maionese arrefece bruscamente a 12 °C, temperatura a que é assegurada a conservação até à utilização.

A levedura secundária é obtida a partir da levedura primária por sementeira com cultura pura, seguida de termostato e arrefecimento nas mesmas condições que a levedura primária.

A levedura terciária ou de produção é preparada a partir da levedura secundária através de uma nova sementeira, seguindo a mesma técnica. Qualitativamente, deve apresentar as características do produto acabado em termos de consistência, sabor e aroma, ser pura, ativa e manter as suas propriedades durante o maior tempo possível.

A fim de garantir a pureza necessária das culturas de produção, estas são preparadas em salas especiais onde o ar, os equipamentos e os utensílios utilizados são esterilizados, devendo a qualidade das culturas ser permanentemente controlada através de exames organolépticos, microbiológicos e químicos.

O leite deve ser mantido a uma temperatura de 1-2 °C durante, pelo menos, 5-6 horas antes de ser utilizado, tempo necessário para a formação e acumulação de substâncias aromatizantes, em condições de higiene rigorosas.

A preparação preliminar da matéria consiste na receção qualitativa e quantitativa de toda a quantidade de leite, na limpeza centrífuga das impurezas, na normalização, na homogeneização e na pasteurização.

O tratamento térmico provoca a precipitação parcial da caseína e a precipitação total da albumina, a passagem de parte dos fosfatos e citratos do leite para o estado insolúvel, aumentando a capacidade de hidratação da caseína, tendo todos estes fenómenos efeitos favoráveis na consistência do coágulo.

Semeadura. O leite pasteurizado é arrefecido, consoante o tipo de produto, até à temperatura de sementeira (18-48 °C), altura em que se introduz o fermento de produção, de preferência 0,1-0,2% mais do que o teoricamente necessário. Durante este tempo, o leite é agitado vigorosamente para distribuir o mais uniformemente possível o fermento, evitando assim a formação de partículas de fermento que podem tornar-se centros de fermentação e provocar o aparecimento de espaços cheios de soro.

Distribuição em embalagens e fermentação. A distribuição do leite em embalagens é feita, consoante o produto, imediatamente após a sementeira, quando a fermentação é feita em embalagens, respetivamente após a fermentação em válvulas ou tanques isotérmicos. No primeiro caso, o leite é distribuído em pequenas embalagens (caixas de cartão parafinado, copos de plástico, etc.) que são colocadas em espaços termostáticos, e no segundo caso, o leite fermentado em palhetas é distribuído no mesmo tipo de embalagens.

A fermentação láctica inicia-se com a transformação da lactose em glicose e galactose, sob a ação da lactase, seguida da passagem dos monossacáridos a ácido lático ou a ácido lático e produtos secundários, consoante a natureza dos microrganismos (bactérias lácticas homofermentativas ou heterofermentativas), com a formação de substâncias aromatizantes, tendo o diacetilo um papel importante neste sentido.

O ácido lático substitui o cálcio nas moléculas de caseinato de cálcio e forma a caseína láctica. Quando o pH de 4,7 é atingido, ocorre a coagulação da caseína com a formação do gel caraterístico e, na ausência de formação de gás, o coágulo é contínuo e uniforme.
No caso de produtos que são inoculados com bactérias lácticas mas também com leveduras (quando se faz kefir), forma-se ácido lático, álcool e dióxido de carbono, sendo a qualidade do produto influenciada pela forma como a fermentação é conduzida. Normalmente, a fermentação láctica é intensa no início, após o que se instala a fermentação alcoólica, sendo a temperatura o parâmetro que permite alcançar o equilíbrio entre os dois processos de fermentação.
Arrefecimento e armazenagem. O arrefecimento do produto começa imediatamente após o fim da fermentação e efectua-se em duas etapas:
- pré-arrefecimento: consiste no arrefecimento progressivo do produto (durante cerca de 2 horas), desde a temperatura de fermentação até 15-20 °C, com o objetivo de reforçar o coágulo e evitar a separação precoce do soro; a operação é efectuada em câmaras termostáticas sem deslocação das embalagens;
- arrefecimento real: é efectuado em câmaras frigoríficas e consiste em levar os produtos a uma temperatura de armazenamento de 3-4 °C, com uma humidade relativa do ar de 8085%, até à distribuição ao consumidor.

Os produtos lácteos ácidos são conservados em câmaras frigoríficas durante um período mínimo de 12 horas, durante o qual ocorre um processo de maturação com o reforço do coágulo, acentuando o aroma e o sabor, sendo o tempo de conservação máximo de 48 horas.
O iogurte representa o sortido mais difundido na gama de produtos lácteos ácidos e resulta do desenvolvimento no leite de duas espécies de bactérias lácticas, Lactobacillus bulgaricus e Streptococcus thermophilus, entre as quais se estabelecem relações simbióticas. Praticamente, pode ser obtido a partir de qualquer tipo de leite, sendo o mais comum o iogurte de leite de vaca.
A normalização do leite é feita a 2,8% de gordura para o iogurte normal, para o iogurte dietético a gordura pode ser removida até 0,1%, enquanto que para o iogurte gordo a normalização pode ir até uma percentagem de gordura de 4% no produto acabado.
A consistência é uma caraterística do iogurte, que pode ser melhorada através da adição de cloreto de cálcio (para corrigir o defeito do coágulo mole e aumentar o teor de matéria seca), da mistura de leite de vaca com leite de ovelha e de búfala em várias proporções, da adição de leite creme concentrado, da adição de leite gordo em pó ou de natas, da adição de paracaseinato de sódio, etc.
A pasteurização do leite contribui para aumentar a qualidade e o prazo de

validade do iogurte. O leite é rapidamente aquecido a 85 °C no pasteurizador, após o que é transferido para válvulas isotérmicas onde o aquecimento continua, com agitação contínua durante 20-30 minutos, a 90-95 °C.

A concentração do leite é praticada no fabrico de sortidos de iogurte tipo extra, com uma consistência cremosa, sendo que o grau de concentração pressupõe uma redução do volume de leite em 10-20%, de modo a que no produto final tenhamos uma percentagem de cerca de 15% de matéria seca. Através da concentração, obtém-se uma normalização da estrutura das substâncias proteicas, o aumento do teor de gordura na substância seca, favorecendo a obtenção de uma consistência muito boa, sem separação do soro.

Após a pasteurização e, eventualmente, a concentração, o leite é arrefecido a 4548 °C, num intervalo de 15-30 minutos, sendo a temperatura ligeiramente superior à óptima para o desenvolvimento de bactérias, cobrindo assim as perdas de calor durante a preparação para a sementeira.

A cultura de produção, previamente homogeneizada, é diluída com leite e introduzida sob a forma de um jato na massa de leite, misturando continuamente para uniformizar a composição. Dependendo da qualidade do leite, da temperatura de fermentação e da qualidade da cultura, a sementeira é feita numa proporção que oscila entre 0,5-2%, para que a fermentação decorra em condições óptimas.

A operação de sementeira deve ser efectuada de forma a que o leite se distribua o mais rapidamente possível nas embalagens, e estas nas câmaras termostáticas. O enchimento das embalagens com leite semeado é acompanhado da sua agitação, evitando assim a separação da gordura à superfície e assegurando uma distribuição uniforme da cultura de bactérias lácticas no leite.

A fermentação tem lugar a uma temperatura de 42-46 °C, que deve ser mantida constante e uniforme nas câmaras termostáticas, não devendo a duração do processo exceder 3 horas, uma vez que o incumprimento destas condições afecta a qualidade do produto acabado. No caso do fabrico de iogurte a partir de leite de vaca, a fermentação é interrompida quando a acidez é de 80-90 0T ou o pH atinge valores de 4,65-4,7.

O arrefecimento do iogurte é feito em duas fases: pré-arrefecimento a 20 °C durante 3-4 horas, quando a coalhada endurece, e arrefecimento efetivo a 3-4 °C, quando a coalhada é compactada e as propriedades organolépticas são intensificadas. O iogurte é armazenado durante 10-12 horas a uma temperatura de 2-8 °C, após o que está apto a ser distribuído e consumido.

Para além do iogurte normal, são também fabricados outros tipos de iogurte com base na mesma tecnologia, mas aos quais, juntamente com as culturas de bactérias lácticas, são adicionadas diversas substâncias aromáticas, gustativas, corantes, com o papel de estabilizador de emulsão, frutos inteiros ou divididos, etc. Entre estes, podemos citar:

- creme de iogurte: é preparado a partir de leite com um teor de gordura de 4%, utilizando zeamil como estabilizador da solução;
- iogurte com coágulo fluido: é preparado a partir de leite com 3% de matéria gorda, utilizando um hidrocolóide como estabilizador, sob a forma de complexo fosfocaseína, resultando num produto de consistência cremosa e ligeiramente fluida;
- lactofruct: obtido a partir de leite creme com adição de 5% de açúcar, 0,4% de gelatina, sumos de fruta naturais com um sabor forte, vanilina, açúcar queimado, corantes;
- iogurte com sabor a fruta: é obtido a partir de leite normalizado com 2,8% de gordura, ao qual se adicionam 4% de leite em pó desnatado, 6% de açúcar, aromatizantes e corantes sob a forma de solução aquosa ou alcoólica.

O leite batido é um dos produtos lácteos fabricados à escala industrial, cujas qualidades organolépticas são apreciadas pelos consumidores. É obtido a partir de leite de vaca pasteurizado, fermentado com culturas de estreptococos (lactis, cremoris, diacetylactis) semelhantes à cultura da manteiga.

O teor de gordura do leite de vaca depende do tipo de produto a obter, existindo quatro tipos de leite batido: desnatado com um máximo de 0,1% de gordura, gordo com um mínimo de 2% de gordura, tipo Sana com 3,6% de gordura e extra com um mínimo de 4% de gordura.

A pasteurização do leite é efectuada a 90-95 °C, com manutenção durante 20 minutos, garantindo-se assim uma consistência adequada ao produto acabado. O arrefecimento do leite é efectuado em função do tipo de produto fabricado: 30-32 °C para o leite batido com uma baixa percentagem de gordura, respetivamente 26-28 °C para os que têm um teor de gordura mais elevado.

O leite refrigerado é semeado com 1,5-3% de culturas de produção, em válvulas termostáticas, sendo o tempo de fermentação de 6-16 horas, dependendo da temperatura termostática caraterística. A concentração do leite é praticada no fabrico de sortidos de iogurte tipo extra, com uma consistência cremosa, sendo que o grau de concentração pressupõe uma redução do volume de leite em 10-20%, de modo a que no produto final tenhamos uma percentagem de cerca de 15% de matéria seca. Através da concentração, obtém-se uma normalização da estrutura das substâncias proteicas, o aumento do teor de gordura na substância seca, favorecendo a obtenção de uma consistência muito boa, sem separação do soro.

Após a pasteurização e, eventualmente, a concentração, o leite é arrefecido a 4548 °C, num intervalo de 15-30 minutos, sendo a temperatura ligeiramente superior à óptima para o desenvolvimento de bactérias, cobrindo assim as perdas de calor durante a preparação para a sementeira.

A cultura de produção, previamente homogeneizada, é diluída com leite e introduzida sob a forma de um jato na massa de leite, misturando continuamente para uniformizar a composição. Dependendo da qualidade do leite, da temperatura de fermentação e da qualidade da cultura, a sementeira é feita numa proporção que oscila entre 0,5-2%, para que a fermentação decorra em condições óptimas.

A operação de sementeira deve ser efectuada de forma a que o leite se distribua o mais rapidamente possível nas embalagens, e estas nas câmaras termostáticas. O enchimento das embalagens com leite semeado é acompanhado da sua agitação, evitando assim a separação da gordura à superfície e assegurando uma distribuição uniforme da cultura de bactérias lácticas no leite.

A fermentação tem lugar a uma temperatura de 42-46 °C, que deve ser mantida constante e uniforme nas câmaras termostáticas, não devendo a duração do processo exceder 3 horas, uma vez que o incumprimento destas condições afecta a qualidade do produto acabado. No caso do fabrico de iogurte a partir de leite de vaca, a fermentação é interrompida quando a acidez é de $80\text{-}90^0$ T ou o pH atinge valores de 4,65-4,7.

O arrefecimento do iogurte é feito em duas fases: pré-arrefecimento a 20 °C durante 3-4 horas, quando a coalhada endurece, e arrefecimento efetivo a 3-4 °C, quando a coalhada é compactada e as propriedades organolépticas são intensificadas. O iogurte é armazenado durante 10-12 horas a uma temperatura de 2-8 °C, após o que está apto a ser distribuído e consumido.

Para além do iogurte normal, são também fabricados outros tipos de iogurte com base na mesma tecnologia, mas aos quais, juntamente com as culturas de bactérias lácticas, são adicionadas diversas substâncias aromáticas, gustativas, corantes, com o papel de estabilizador de emulsão, frutos inteiros ou divididos, etc. Destes, podemos citar:

- Creme de iogurte: é preparado a partir de leite com um teor de gordura de 4%, utilizando zeamil como estabilizador da solução;
- iogurte com coágulo fluido: é preparado a partir de leite com 3% de matéria gorda, utilizando um hidrocolóide como estabilizador, sob a forma de complexo fosfocaseína, resultando num produto de consistência cremosa e ligeiramente fluida;
- lactofruct: obtido a partir de leite creme com adição de 5% de açúcar, 0,4% de gelatina, sumos de fruta naturais com um sabor forte, vanilina, açúcar queimado, corantes;
- iogurte com sabor a fruta: é obtido a partir de leite normalizado com 2,8% de

gordura, ao qual se adicionam 4% de leite em pó desnatado, 6% de açúcar, aromatizantes e corantes sob a forma de solução aquosa ou alcoólica.

O leite batido é um dos produtos lácteos fabricados à escala industrial, cujas qualidades organolépticas são apreciadas pelos consumidores. É obtido a partir de leite de vaca pasteurizado, fermentado com culturas de estreptococos (lactis, cremoris, diacetylactis) semelhantes à cultura da manteiga.

O teor de gordura do leite de vaca depende do tipo de produto a obter. São conhecidas quatro variedades de leite batido: desnatado com um máximo de 0,1% de gordura, gordo com um mínimo de 2% de gordura, tipo Sana com 3,6% de gordura e extra com um mínimo de 4% de gordura.

A pasteurização do leite é efectuada a 90-95 °C, com manutenção durante 20 minutos, garantindo-se assim uma consistência adequada ao produto acabado. O arrefecimento do leite é efectuado em função do tipo de produto fabricado: 30-32 °C para o leite batido com uma baixa percentagem de gordura, respetivamente 26-28 °C para os que têm um teor de gordura mais elevado.

O leite refrigerado é semeado com 1,5-3% de culturas de produção, em válvulas termostáticas, sendo o tempo de fermentação de 6-16 horas, dependendo da temperatura termostática caraterística que imprime um aroma específico, e as leveduras produzem a fermentação alcoólica que dá ao produto um sabor ligeiramente picante e um aspeto espumoso.

A cultura dos grânulos de kefir consiste em introduzi-los e mantê-los em leite pasteurizado arrefecido a 18-20 °C, até à coagulação. Após a termização, os grânulos de kefir são separados do leite coagulado, sendo os grânulos reintroduzidos no leite pasteurizado, repetindo-se o processo até perderem as suas características (consistência, cheiro, cor), e o leite coagulado é transferido para recipientes esterilizados, sendo posteriormente utilizado para sementeira.

O kefir pode ser obtido pelo método clássico, quando a fermentação tem lugar após a distribuição do leite semeado com culturas de produção em embalagens, mas sobretudo pela fermentação do leite em válvulas, após o que é distribuído em embalagens. Este último processo garante uma melhor uniformidade do produto fino, espaços de produção reduzidos e maior produtividade.

O leite é inoculado com levedura mantida durante 8-10 horas a 1013 °C, sendo a dose de sementeira de 5-10%, condições em que as bactérias e leveduras produtoras de aromas se desenvolvem intensamente, acentuando o sabor e o aroma específicos. A distribuição homogénea da cultura de produção na massa de leite é conseguida por agitação nas válvulas de fermentação, até que a acidez atinja 35-40^{0} T, após o que o leite é deixado em repouso para coagulação.

O processo de fermentação desenrola-se em duas fases:

- a fase de fermentação propriamente dita, em que ocorre a fermentação láctica: dura 8-12 horas e decorre a uma temperatura de 20-24 °C, sendo interrompida quando a acidez atinge 90 °T por arrefecimento em válvulas a 12-14 °C, em simultâneo com uma agitação moderada;

- a fase de fermentação alcoólica: decorre durante 6-12 horas a uma temperatura de 12-14 °C, sendo recomendada a agitação periódica do coágulo.

Após o final da fermentação alcoólica, o kefir é distribuído em embalagens, de preferência em máquinas de engarrafamento com alimentação por queda livre, de modo a evitar o esmagamento excessivo do coágulo, embalagens essas que são colocadas em câmaras frigoríficas durante 12 horas a uma temperatura de 6-8^0 C para arrefecimento, fase obrigatória em que ocorre a maturação do produto.

I.4. Tecnologia de fabrico de natas

A nata é a matéria-prima a partir da qual são obtidos ou consumidos vários produtos alimentares. Do ponto de vista da composição, a nata é uma emulsão de gorduras no plasma e deve conter pelo menos 18% de gordura (em regra, a percentagem de gordura varia entre 20-60%), sendo a composição média de uma nata com 30% de gordura: 64% de água, 30% de gordura, 2,7% de proteínas, 3,0% de lactose e 0,3% de substâncias minerais.

A nata é obtida após a separação das gorduras do leite através de vários processos, sendo o processo tecnológico de obtenção apresentado na figura 1.27.

A matéria-prima sujeita à cremação é o leite gordo, que deve satisfazer as condições de qualidade impostas pelas normas específicas, sabendo-se que as características organolépticas da nata.

Após a limpeza de eventuais impurezas, o leite é submetido à operação de separação da gordura, também designada por cremação. Esta operação é efectuada com a ajuda de separadores de tambor rotativo, sendo o grau de separação influenciado por uma série de factores, entre os quais podemos mencionar os mais importantes: o tamanho dos glóbulos de gordura, a espessura da camada de leite nas placas separadoras, a temperatura de trabalho (não deve exceder 45-50 °C), a acidez do leite que afecta a sua viscosidade, a velocidade do tambor separador (aumenta o efeito de separação mas não excede as 10000 rpm).

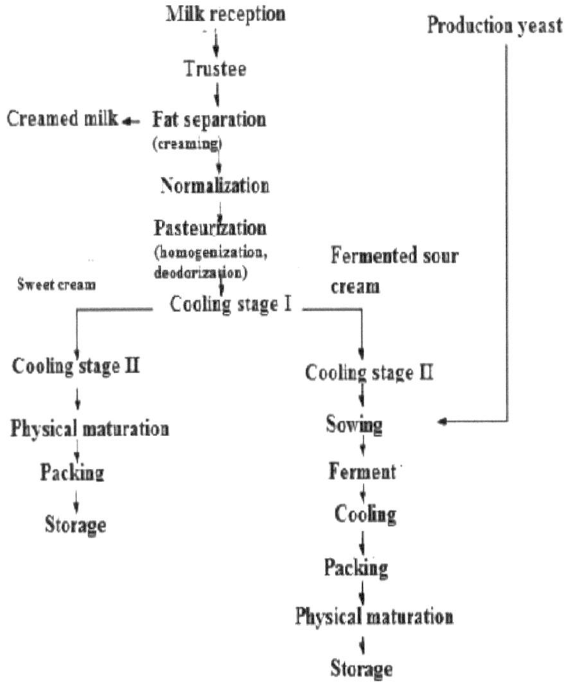

Fig. 1.27. Esquema tecnológico de obtenção da nata

A normalização da nata tem por objetivo colocar o teor de matéria gorda dentro dos limites prescritos, ou seja, 30-32% para a nata doce e 20-30% para a nata fermentada. A operação é efectuada, conforme o caso, quer através da adição de natas com um teor de gordura mais elevado, quer através de leite desnatado.

A pasteurização da nata é obrigatória e tem por objetivo destruir os microrganismos patogénicos e reduzir tanto quanto possível a microflora específica. A fim de melhorar a consistência da nata, mas também para evitar a separação da gordura do plasma durante a armazenagem, antes da pasteurização é homogeneizada por aquecimento a 60-70 °C e passagem através da cabeça de homogeneização a uma pressão de 150-200 atm.

A temperatura de pasteurização depende das características da nata e varia entre 75 °C, quando a nata tem um sabor metálico, e 97 °C, quando tem um sabor a forragem. Para eliminar estes defeitos de sabor, a nata é submetida à operação de desodorização.

A eliminação parcial ou total do cheiro e do sabor desagradáveis é efectuada em instalações de vácuo, sendo a figura 1.28 uma dessas instalações. Aqui, a nata aquecida a 80-85 °C é enviada sob pressão através da cabeça de pulverização 1 para o recipiente 2, que está sob vácuo parcial. O creme desodorizado chega ao

coletor 3 equipado com uma bomba, de onde é enviado para pasteurização.
Os gases e vapores são aspirados pela bomba 5 (que atinge o vácuo parcial) para o condensador arrefecido a água 4 (a água entra pelo tubo 9 e sai pelo tubo 10), e daqui são descarregados para a atmosfera depois de passarem pelo separador de gás 6. O condensado é descarregado através do tubo 7 e os gases não condensáveis através do tubo 8. A pressão de trabalho da instalação é de 380 mm Hg, o tempo de permanência da nata no recipiente 2 é de 40-300 segundos.
Devido à elevada temperatura a que se efectua a desodorização, o desodorizador é ligado à instalação de pasteurização, tal instalação é mostrada na figura 1.29.

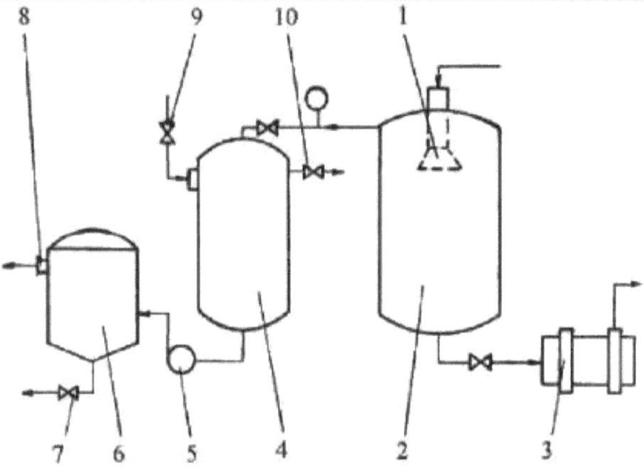

Fig. 1.28. Esquema da instalação de desodorização por vácuo de natas

Neste caso, a temperatura de pasteurização da nata é de 93-96 °C e é obtida com a ajuda de vapor a 120 °C, estando a instalação equipada com um sistema automático de regulação da temperatura.
A nata pasteurizada é enviada para a máquina de vácuo onde é impresso um movimento helicoidal nas paredes do recipiente. A intensa ebulição da nata provoca a separação de gases e odores estranhos, que são aspirados pela bomba de vácuo e eliminados para a atmosfera.
Em comparação com o leite, a nata tem mais gordura e um teor mais elevado de germes. O aumento da viscosidade leva a uma diminuição da condutividade térmica, razão pela qual a temperatura de pasteurização varia entre 90-110 °C, dependendo do teor de gordura e da qualidade da nata, mas especialmente do grau de frescura.
O tratamento térmico tem múltiplos efeitos na nata, começando pela microflora, pelas enzimas e terminando nas características físico-químicas, pelo que o regime térmico deve ser estabelecido com muito cuidado para não afetar o valor nutricional e as características organolépticas.

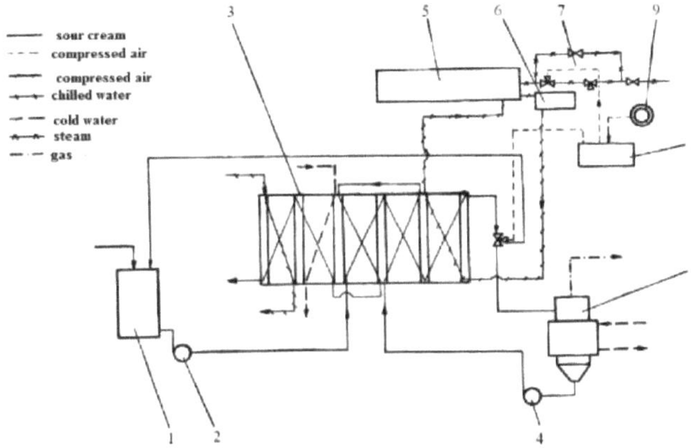

Fig. 1.29. Esquema da instalação de pasteurização de natas TIPS-20: 1- vaso de alimentação; 2,4- bomba; 3- pasteurizador; 5- caldeira; 6- unidade de bombagem de água quente; 7- circuito de regulação de vapor; 8- distribuidor; 9- compressor de ar; 10- desaerador sob vácuo com camisa de arrefecimento.

O creme é arrefecido bruscamente até à temperatura em que ocorre o processo de maturação: 4-5 °C para a nata doce e 18-22 °C para a nata fermentada. A operação é realizada no pasteurizador sem contacto com o ar, evitando a eventual oxidação da gordura e uma infeção microbiana da nata.

Maturação da nata. Após o tratamento térmico, a nata é submetida a um processo de maturação que pode ser..:

- maturação física: tem por objetivo solidificar os glóbulos de gordura e hidratar parcialmente as substâncias proteicas, determinando a obtenção de uma certa consistência do creme;
- maturação bioquímica ou fermentação: é efectuada através de culturas de bactérias lácticas; determina a obtenção de uma consistência viscosa e de um aroma agradável.

A maturação física começa com a manutenção de um intervalo de três horas a uma temperatura de 5-6 °C em válvulas fechadas com agitação periódica da nata, seguida da distribuição em embalagens e da continuação do processo em câmaras frigoríficas, durante 24 horas à mesma temperatura.

A maturação bioquímica é efectuada com um complexo de bactérias lácticas acidificantes (Streptococcus lactis, Streptococcus cremoris) e bactérias aromatizantes (Streptococcus paracitrovorus) que, adicionadas numa proporção de 3-5% a uma temperatura de 18-22 °C, provocam um processo de fermentação da nata. A operação decorre em câmaras de maturação com temperatura controlada, para favorecer a atividade das bactérias, sendo a nata misturada periodicamente durante 3 horas. O processo de fermentação considera-se terminado quando a acidez atinge o valor de 50-60 °T e é seguido de um arrefecimento a 4-6 °C, temperatura a que a nata é submetida durante 24 horas a uma maturação física.

Embalagem e armazenamento de natas. A nata para consumo é acondicionada em garrafas e copos de cartão encerado ou de materiais plásticos, com pequenas capacidades até 1 kg, respetivamente em latas de metal com capacidades de 5-15 kg, para o que são utilizadas máquinas de dosagem e encapsulamento que cumprem rigorosamente as condições de higiene exigidas.

I.5. Tecnologia de fabrico de manteiga

A manteiga é um alimento que, através do seu valor nutricional e energético, contribui substancialmente para a alimentação humana. O teor de gordura da manteiga pode atingir valores de 70-80%, mas por razões nutricionais, as variedades com um máximo de 45-60% de gordura são preferidas para consumo.

Para obter a manteiga, aplica-se o esquema tecnológico de fabrico representado na figura 1.31, que contém duas fases distintas: a obtenção da nata e a sua transformação em manteiga.

A nata, independentemente da sua origem, como matéria-prima, deve satisfazer requisitos mínimos de qualidade, sob pena de afetar o prazo de validade e as características organolépticas da manteiga a obter.

Após a separação da nata do leite, esta é passada para os dispositivos de normalização, após o que deve ser atingida uma percentagem de 30-35% de gordura, limites óptimos para o processamento de modo a obter manteiga.

A pasteurização da nata é uma etapa necessária e decisiva na linha tecnológica de obtenção da manteiga, sendo a temperatura óptima de tratamento 90-95 °C, com manutenção a esta temperatura durante 20-30 segundos. Este regime térmico assegura a inativação da lipase, uma enzima que provoca defeitos de sabor na manteiga. A par da pasteurização, procede-se também à desodorização da nata, utilizando para o efeito instalações equipadas com dispositivos de desodorização a vácuo. Através da evaporação parcial da água, as substâncias de cheiro e sabor que podem passar para a manteiga são arrastadas.

A maturação da nata visa atingir dois objectivos: a solidificação da gordura por arrefecimento e manutenção a 2-8 °C (fase de maturação física), respetivamente o aumento da acidez dentro de certos limites, com a formação de compostos aromáticos devido à atividade de culturas de bactérias lácticas (fase de maturação biológica) . Estes factores permitirão uma melhor separação da gordura da nata no processo de obtenção da manteiga.

A cultura de produção utilizada para inocular a nata é constituída por bactérias

lácticas, tais como Streptococcus lactis, Streptococcus cremoris, Streptococcus diacetyl lactis e Leuconostoc, sendo a quantidade necessária para a maturação bioquímica de 10-15%, dependendo do grau de acidificação, da temperatura e da duração da maturação.
Na prática industrial, utilizam-se principalmente os processos de maturação bioquímica da nata utilizada no fabrico da manteiga, devido às vantagens que apresentam em relação à maturação física, em função da temperatura, definindo-se dois processos: a maturação a frio e a maturação a quente.
O envelhecimento a quente ou a longo prazo é o processo amplamente utilizado na indústria alimentar e é efectuado em duas variantes tecnológicas.
Uma primeira variante consiste no facto de, após a maturação biológica, se seguir uma maturação física. Assim, a nata pasteurizada é arrefecida a 1520 °C e semeada com 4-6% de culturas de produção, sendo o tempo de maturação de 8-10 horas. O processo de maturação biológica é interrompido quando a acidez atinge valores de 30-44 °T (correspondentes ao teor de gordura), arrefecendo a nata a 610 °C e mantendo-a durante 2-4 horas a esta temperatura.
Neste intervalo de tempo, a velocidade de acidificação diminui e o processo de maturação física tem lugar, finalmente a acidez tem valores de 50-55 °T.
A segunda opção tecnológica consiste em pasteurizar a nata e arrefecê-la a 4-8 °C, semeando-a com 4-6% de culturas de produção e mantendo-a a esta temperatura até atingir a maturação física. Em seguida, a nata é aquecida a 14-18 °C, temperatura a que é mantida até ao fim da maturação bioquímica (até à obtenção da acidez necessária). A maturação a frio ou a curto prazo consiste em arrefecer a nata pasteurizada a 6-10 °C, semear com uma cultura de produção de 2025% e mantê-la a esta temperatura durante 2-3 horas. Este processo é aplicado em condições especiais, estando limitado à transformação de uma matéria-prima com 38-40% de gordura e de má qualidade.
Processos de obtenção da manteiga. A obtenção da matéria gorda láctea sob a forma concentrada e sólida, separando-a do plasma (leitelho), é obtida através de uma sequência de operações cujos efeitos combinados conduzem à formação da manteiga. Desta forma, consegue-se a passagem da gordura sob a forma de glóbulos para a forma líquida, com uma consistência e estrutura específicas, a formação do aroma caraterístico e a conservação da manteiga.
Em condições normais, considera-se que, a partir de uma nata com uma percentagem de 30-35% de matéria gorda, se obtém uma manteiga com 75-80% de matéria gorda, sob a forma de líquido contínuo e que envolve as partículas de matéria gorda solidificada e as partículas de substância seca não gorda. O fenómeno de inversão de fases pode ser obtido por aglomeração, concentração e combinação.

A obtenção de manteiga por aglomeração consiste em juntar glóbulos de gordura e aglomerar em grânulos que se unirão por amassadura. A aglomeração pode ser efectuada de duas formas:

► pelo processo descontínuo (fig. 1.30): utiliza o princípio da batedura da nata através da qual se formam os grãos de manteiga;

► pelo processo contínuo (fig. 1.31): baseia-se no princípio de Fritz, segundo o qual a nata é projectada sob a forma de uma película na parede de um cilindro rotativo que, sob a ação de choques térmicos e mecânicos, em contacto com o ar, reúne os glóbulos de gordura na sua superfície.

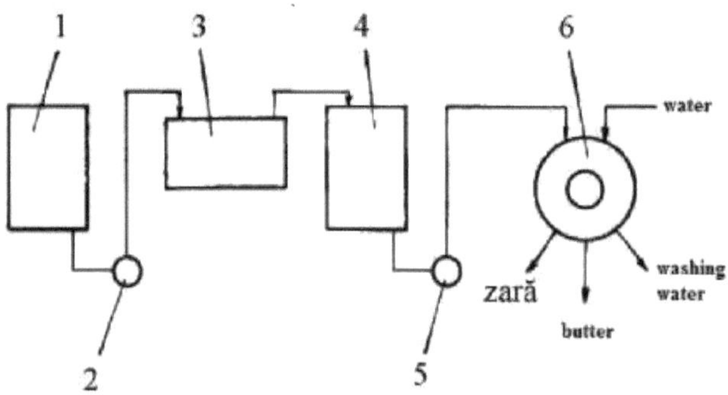

Fig. 1.30. O processo descontínuo de fabrico da manteiga: 1- recipiente para alimentos; 2,5- bomba; 3- pasteurizador; 4- válvula de maturação, 6- putinei

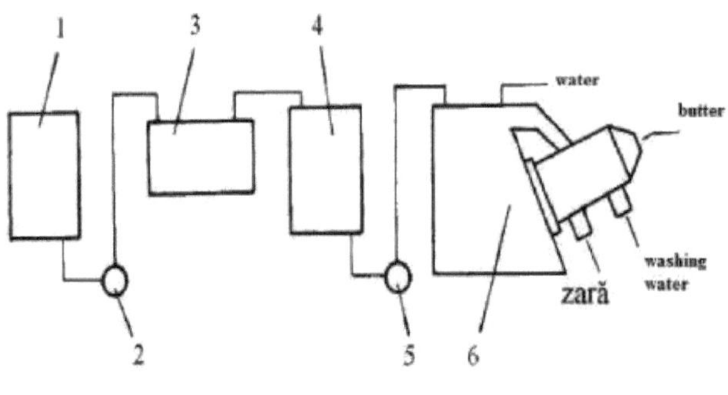

Fig. 1 31. O processo contínuo de fabrico de manteiga: 1- recipiente para alimentos; 2,5- bomba, 3- pasteurizador; 4- válvula de maturação; 6- instalação Fritz

A obtenção de manteiga por concentração envolve o aquecimento da nata a 60-70 °C e a sua passagem por um separador, de onde sai com uma concentração de gordura de 80-83%. O arrefecimento e a agitação do concentrado permitem uma

solidificação parcial, mas também a fricção dos glóbulos de gordura com a libertação da substância gorda líquida, emulsionando assim a fase não gorda.
A obtenção de manteiga por combinação é um método mais recente e envolve a destruição mecânica da membrana dos glóbulos de gordura, após o que a nata aquecida é passada através de um separador centrífugo, resultando numa massa líquida chamada óleo de manteiga com 80-90% de gordura.
O óleo de manteiga é purificado por concentração a vácuo durante a pasteurização e desodorização e, após a adição dos outros componentes da manteiga (água, substância seca não gorda, sal, neutralizador, etc.), a fase não gorda é solidificada e emulsionada.
O processo mais utilizado para a obtenção de manteiga baseia-se no processo Fritz, sendo o funcionamento de uma instalação deste tipo apresentado na figura 1.32.

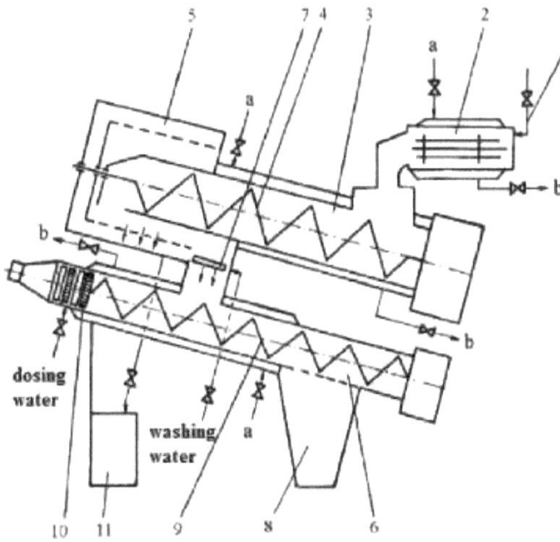

Fig. 1.32. Esquema da instalação para obtenção de manteiga em fluxo contínuo: a,b- entrada/saída de água de arrefecimento; 1- alimentação com natas; 2- cilindro batedor;
3- cilindro de separação do leitelho, 4- rosca transportadora; 5- coletor de leitelho, 6- misturador; 7- bico de pulverização; 8- recipiente coletor; 9- misturador de rosca; 10- homogeneizador;
11- reservatório

O principal objetivo da lavagem da manteiga é retirar o leitelho que se encontra entre os grãos de manteiga, bem como no seu interior.
O leitelho, devido ao seu conteúdo em substâncias proteicas, lactose e ácido lático, constitui um ambiente favorável ao desenvolvimento de microrganismos.
Para a sua lavagem, utiliza-se água que substitui o leitelho e regula a

temperatura dos feijões-manteiga, evitando, por um lado, a sua aglomeração e, por outro, favorecendo o escoamento do leitelho e do excesso de água.

Na prática, são aplicadas 2-3 lavagens, que removem cerca de 25% da lactose, 50% da caseína e parte da microflora do creme fermentado, a água de lavagem arrasta seletivamente os microrganismos.

A amassadura da manteiga ou o seu amassamento tem por objetivo transformar os grãos de manteiga, separados da água ou do leitelho, numa massa compacta e homogénea, eliminando o excesso de água e de leitelho, juntamente com a inclusão de partículas de substâncias não gordas, ar e água numa fase líquida da substância gorda. Através da amassadura, regula-se o teor e a distribuição da água na manteiga, com efeitos sobre a consistência do produto acabado.

A embalagem da manteiga tem por objetivo manter a sua qualidade e o seu prazo de validade. Os materiais utilizados na embalagem da manteiga devem garantir proteção contra o ambiente (impermeabilidade ao vapor de água, impermeabilidade à gordura líquida, proteção contra a luz), adequação à mecanização da embalagem, boa condutividade térmica para permitir o arrefecimento durante a armazenagem.

Atualmente, utiliza-se papel especialmente tratado e folha de alumínio para embalar manteiga, respetivamente, caixas de madeira para moldes grandes de manteiga ou para a sua armazenagem a longo prazo.

Refrigeração e armazenagem da manteiga. Após o acondicionamento, a fim de evitar alterações qualitativas, a manteiga destinada ao consumo corrente é armazenada em câmaras frigoríficas, onde é arrefecida a 0-5 °C. Em caso de conservação prolongada, a manteiga é congelada a -25...-35 °C e armazenada em câmaras frigoríficas a -15...-18 °C, consoante o tempo de conservação.

I.6. Tecnologia de fabrico de queijo

Os queijos são produtos frescos ou curados, obtidos por coagulação do leite (com drenagem do soro) e sua transformação com a ajuda de métodos físicos e bioquímicos. Consoante o modo de transformação da coalhada, os queijos são de vários tipos: queijos frescos, queijos fermentados, queijos amassados, queijos escaldados e queijos fundidos. Consoante a consistência da coalhada, os queijos podem ser moles, semi-sólidos e duros e, consoante o teor de gordura, podem variar entre queijos fracos (menos de 10% de gordura na substância seca) e queijos muito gordos e cremosos (mais de 50% de gordura na substância seca).

Independentemente do tipo, os queijos caracterizam-se por um elevado valor nutritivo, devido à concentração de gorduras, proteínas e sais minerais que, após os processos de maturação, passam a formas mais facilmente assimiláveis pelo organismo, adquirem propriedades organolépticas específicas e algumas variedades podem ser conservadas durante um longo período de tempo.

Tecnologia de fabrico de queijo fresco. Os queijos frescos são do tipo com consistência macia e amanteigada, coalhada fina e aroma de fermentação. Nesta categoria incluem-se os queijos frescos de leite de vaca, os queijos de nata, os queijos de aperitivo e os queijos de sobremesa, sendo a sua tecnologia de fabrico apresentada na figura 1.33.

O queijo fresco é obtido através da coagulação de leite de vaca gordo (queijo gordo) ou desnatado (queijo diet). Nestes produtos, a coagulação do leite baseia-se exclusivamente na ação de bactérias lácticas ou na associação entre a ação da coalhada e a fermentação láctica, sendo neste caso muito reduzida a quantidade de coalhada necessária para o processo tecnológico.

Após a pasteurização do leite a cerca de 85 °C, este é arrefecido até à temperatura de coagulação de 12-28 °C, dependendo do teor de gordura, e adiciona-se cloreto de cálcio 10-15 g/100 l, 0,5-1,5% de produção de maionese (composta por Streptococcus lactis, Streptococcus cremoris e Streptococcus diacetilactis) e uma percentagem de coágulo dependendo do seu poder de coagulação.

A coagulação ou coagulação do leite é um processo complexo através do qual uma parte da caseína do leite, que se encontra no complexo fosfocaseinato de cálcio, precipita sob a forma de fosfoparacaseinato de cálcio (que se junta aos sais solúveis do leite formando o coágulo), e a outra parte passa para o soro de leite (chama-se proteína do soro de leite e contém principalmente albumina e globulina) .

Isto pode ser feito com coalhada animal, quando a coalhada tem um sabor "doce", ou com ácidos (lático, clorídrico, sulfúrico), quando a coalhada tem um sabor "azedo".

A temperatura de coagulação influencia diretamente a duração do processo, que, em função do teor de gordura e do método de coagulação, se situa entre 14 e 20 horas. Depois de atingir uma acidez de 50 °T, a coagulação é considerada terminada e o coágulo é submetido a um tratamento por corte com facas especiais para libertar o soro. A transformação da coalhada continua com pausas para escoar o soro, até se atingir a consistência desejada, sendo por vezes aplicada também uma ligeira prensagem para retirar o excesso de soro.

Se se pretender obter uma consistência o mais homogénea possível, o queijo pode ser passado por rolos de trituração ou por um coador, durante o qual é também arrefecido a 2-8 °C.

A embalagem de queijos frescos é recomendada para ser feita imediatamente após o fim do processo tecnológico, porque apresenta um elevado risco de fermentação. É efectuado em máquinas especiais em caixas de cartão encerado, copos de plástico ou folha metalizada.

Os queijos cremosos são produtos frescos com elevado teor de gordura (entre 50-75% de gordura na matéria seca), obtidos através da normalização do leite com natas, da adição de natas coaguladas ou de queijo coagulado e, menos frequentemente, apenas através da preparação de queijo a partir de natas. Em comparação com os queijos frescos, são submetidos a uma operação de trituração fina com a ajuda de rolos ou peneiras, o que resulta numa estrutura muito fina e homogénea.

Os queijos de tipo sobremesa e aperitivo são queijos cremosos aos quais são adicionados vários materiais auxiliares, com o papel de aroma e sabor, dependendo do sortido fabricado, depois de terem sido tecnologicamente processados (trituração, lavagem, escaldagem, filtragem de xaropes, peneiração). Para obter uma consistência homogénea, o queijo com adições é amassado e passado por um rolo.

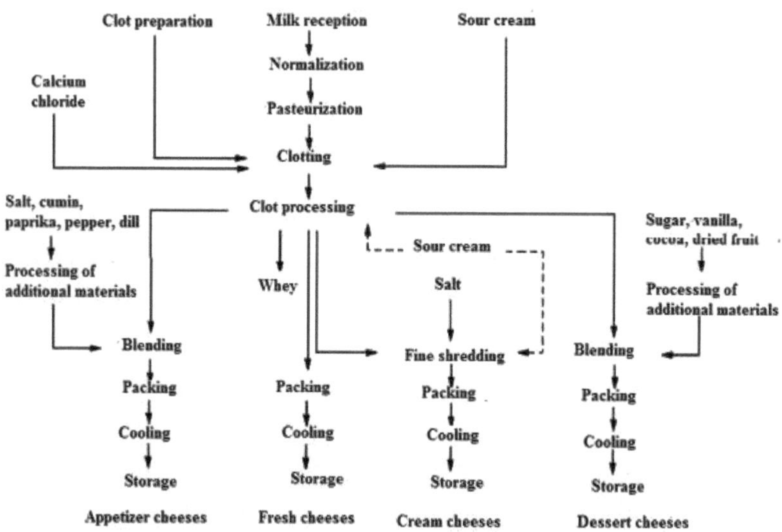

Fig. 1.33. Esquema tecnológico de fabrico de queijos frescos

Tecnologia de fabrico de queijos fermentados. A tecnologia geral de fabrico de queijos fermentados é apresentada na figura 1.34 e tem como fases principais o acondicionamento do leite, a coagulação e a transformação da coalhada, a salga, a maturação e a armazenagem.

O acondicionamento do leite consiste em normalizá-lo para um teor de gordura específico de cada variedade fabricada, seguido de uma pasteurização baixa ou média. Não se recomenda que a temperatura de pasteurização ultrapasse os 75 °C, pois a capacidade de coagulação do leite é reduzida sob a ação da coalhada.

Dado que a pasteurização do leite destrói igualmente os microrganismos úteis para o fabrico do queijo, para que o processo de cura decorra em boas condições, mas também para obter produtos com características organolépticas específicas, são adicionadas ao leite pasteurizado culturas seleccionadas de bactérias lácticas (Streptococcus lactis, Streptococcus cremoris, Streptococcus diacetilactis, Streptococcus casei, Streptococcus thermopilus, etc.) e culturas seleccionadas de bolores (Penicillium roqueforti, Penicillium candidi, Penicillium camemberti, etc.).) e culturas seleccionadas de bolores (Penicillium roqueforti, Penicillium candidum, Penicillium camemberti).

Para aumentar a capacidade de coagulação e evitar o inchaço, recomenda-se a adição ao leite de 10-25 g/100 l de cloreto de cálcio e de cerca de 30 g/100 l de nitrato de potássio. Nalgumas variedades, o leite é corado com amarelo de açafrão ou betacaroteno, o que confere aos queijos uma cor amarelada.

A coagulação do leite tem como objetivo a separação da caseína e de outros compostos do leite, que passam do estado líquido para uma massa gelificada, com uma consistência e elasticidade dependentes do método de execução da operação. A coagulação do leite é efectuada de duas formas:

- com coalho: o coalho é uma enzima do tipo quimosina ou labferment, segregada pelo estômago dos borregos e dos vitelos durante o período de lactação; a quimosina tem a propriedade específica das enzimas de, em pequenas quantidades, produzir, através da sua absorção pela caseína, a sua precipitação sob a forma de fosfoparacaseinato de cálcio; é também a quimosina que, na fase de maturação, produz a proteólise das substâncias proteicas;
- com ácidos: os ácidos (lático, clorídrico, sulfúrico) adicionados ao leite baixam o pH até ao valor de 4,62, altura em que a caseína coagula, incorporando os outros componentes do leite na sua massa, produz a contração do coágulo e assegura a eliminação do soro.

A ação da coalhada sobre o leite é influenciada por vários factores, tais como o teor em sais minerais e sólidos do leite, a sua temperatura e acidez, a presença de substâncias estranhas com um papel anticoagulante no leite, etc. A quantidade de coalhada necessária para a coagulação depende do seu poder de coagulação, da composição do leite, do sortido fabricado e é introduzida sob a forma de um jato fino na válvula com o leite à temperatura de trabalho, sendo o leite inicialmente agitado lenta e continuamente para uniformizar a coalhada, após o que se deixa repousar para a coagulação.

A temperatura e a duração do processo de coagulação dependem do tipo de queijo a obter, sendo estes dados, juntamente com as quantidades de coalhada e de fermento de produção, especificados nas receitas de fabrico.

O principal objetivo da transformação do coágulo é retirar uma certa quantidade de água sob a forma de soro, consoante a variedade fabricada, tendo em conta que a desidratação do coágulo continua também durante as fases de prensagem,

salga e maturação.
No fabrico de queijos semiduros e duros, a transformação da coalhada inclui três fases principais:

- equalização da temperatura do coágulo: é necessário assegurar a distribuição mais uniforme da gordura na massa do coágulo;
- trituração: tem por objetivo obter as partículas de coágulo a partir das quais, através do tratamento com diversos utensílios, se forma o "grão", cujas dimensões dependem do tipo de queijo;
- o segundo aquecimento: favorece a eliminação do soro de leite do grão de coágulo formado e é efectuado de forma diferente, a temperaturas entre 40-60 °C.

Moldagem e prensagem de queijos. Ao colocar o coágulo processado em moldes, obtém-se a aglomeração dos grãos de coágulo, garantindo o tamanho e a forma específicos de cada sortido. A formação dos queijos é efectuada por vazamento em moldes ou por moldagem a partir de pasta (massa).
A colocação nos moldes deve ser efectuada rapidamente para evitar o arrefecimento da massa da coalhada, o que atrasaria a fermentação láctica e o escoamento do soro.
A aglomeração dos grãos de coágulo numa massa homogénea e a eliminação do soro entre eles ou no seu interior é facilmente conseguida por prensagem. A força de prensagem aplicada depende das características da massa da coalhada e é aumentada gradualmente, atingindo valores 60 vezes superiores ao peso do queijo, sendo o valor máximo atingido após 6-8 horas a partir do momento em que se inicia a prensagem.
A duração da prensagem depende da aderência dos grãos de coalhada e da eliminação do soro, variando entre 6 e 24 horas, consoante a variedade de queijo. Uma vez que a eliminação do soro depende, nomeadamente, da temperatura da massa de queijo, esta deve ser mantida a valores adequados.
A salga dos queijos é uma fase tecnológica importante e tem como objetivo imprimir um sabor agradável, continuar o processo de desidratação do queijo e regular os processos microbiológicos. Ao penetrar no queijo, o sal favorece a eliminação de parte da água com as substâncias nela dissolvidas, evitando também que a lactose seja atacada por microorganismos nesta fase, quando a acidez do queijo é insuficiente para inibir o seu desenvolvimento.
Entre os métodos de salga dos queijos, os mais conhecidos são:

- salga a seco: é efectuada polvilhando cristais de sal na superfície do queijo;
- salga em salmoura: consiste em mergulhar o queijo moldado numa solução salina com uma concentração de 16-23%;
- salga em grão: adiciona-se sal à massa de coalhada triturada;

- salga na pasta: o sal é adicionado à massa de coalhada triturada, depois de esta ter sido submetida a um processo de maturação.

Envelhecimento dos queijos. Para obter as características específicas das diferentes variedades (sabor, aspeto, odor, cor), os queijos salgados são conservados durante um certo tempo em determinadas condições ambientais (temperatura, humidade, arejamento), durante as quais a coalhada elástica e não individual se transforma, através de um complexo de reacções físicas e bioquímicas, num produto facilmente assimilável, com qualidades organolépticas e com um período de conservação elevado.

Em geral, a maturação dos queijos é feita a temperaturas de 12-22 ºC, com uma humidade de 75-95%, sendo o ar das salas mudado 4-5 vezes por dia. A duração do processo de maturação do queijo é específica para o sortido fabricado e pode estender-se por períodos de 20-30 dias, até 4-6 meses.

A lactose, as substâncias proteicas e a gordura sofrem as transformações mais importantes durante a maturação.

A lactose, após a reação de glicólise, é transformada primeiro em ácido pirúvico e depois em ácido lático, que reage com o cálcio do paracaseinato de cálcio formando lactato de cálcio, bem como outros sais. Desta forma, os grãos de coágulo aderem uns aos outros, dando origem a uma massa homogénea. Se também tivermos bactérias propiónicas, produzimos ácido acético, ácido propiónico e dióxido de carbono após reacções bioquímicas.

As substâncias proteicas encontram-se sob a forma de paracaseinato de cálcio e, através da reação de proteólise (hidrólise parcial da caseína), formam-se compostos como as peptonas e as albuminoses.

Prosseguindo a hidrólise, as peptonas são decompostas em aminoácidos, substâncias decisivas para a obtenção do sabor e do aroma dos queijos, e uma parte delas passa a amoníaco e dióxido de carbono.

As gorduras, numa primeira fase, como efeito da reação de lipólise, transformam-se em glicerina e ácidos gordos, fenómeno válido para todos os tipos de queijo. Este fenómeno é mais acentuado nas variedades cuja maturação ocorre na presença de bolores, quando os ácidos gordos são hidrolisados em aldeídos e cetonas, conferindo, juntamente com o ácido propiónico e o ácido acético, o aroma específico.

O acondicionamento dos queijos é efectuado nas condições estabelecidas pela regulamentação, utilizando caixas de rolo, caixas compartimentadas, filme de polietileno ou Criovac, em muitos casos os queijos são cobertos com uma camada de parafina. Após o acondicionamento, os queijos são armazenados em locais com atmosfera controlada, isentos de luz e de odores desagradáveis, sendo por vezes a maturação prosseguida durante o armazenamento.

O queijo Telemea é uma das variedades mais difundidas e distingue-se das outras variedades pela forma como a coalhada é transformada e curada. A matéria-prima é o leite de vaca, de ovelha e de búfala, separadamente ou em mistura.

Após a pasteurização, o leite é arrefecido a 28-35 °C e adiciona-se solução de cloreto de cálcio 15-20 g/100 litros de leite, nitrato de potássio 20-30 g/100 litros de leite e 0,3-0,8% de fermento de produção (Sterptococcus lactis e Streptococcus casei). A composição é homogeneizada, após o que se adiciona a coalhada numa quantidade que permita a coagulação num intervalo de 45-60 minutos.

O coágulo é transformado de modo a obter fatias sobrepostas de coágulo que, depois de prensadas, não ultrapassam a espessura de 12-13 cm. Segue-se a prensagem durante 45-90 minutos e a extração do soro, após o que a coalhada é cortada em moldes e o soro continua a escorrer, virando-os periodicamente, durante o que o queijo endurece um pouco.

O queijo "Telemea" é colocado em salmoura com uma concentração de 20-22%, a uma temperatura de 14-16 °C, e mantido nestas condições durante 15-18 horas. Os moldes de queijo são retirados da salmoura e submetidos a salga seca durante 5-8 horas, após o que o processo de salga seca continua durante 8-16 horas em embalagens (caixas de madeira ou caixas de metal).

Para a maturação, a salmoura com uma concentração de 12-16% é introduzida na embalagem, após o que é mantida em salas com uma temperatura de 12-16 0C, sendo a duração do processo de maturação de 20-30 dias. Se, ao longo do tempo, a salmoura apresentar alguns aspectos inadequados, é substituída por outra fresca, nalguns casos utiliza-se salmoura de soro de leite com uma concentração de 10-12%.

O queijo Fetta é uma variedade obtida a partir de leite de ovelha ou de vaca não normalizado. O leite, após pasteurização, é arrefecido a 30-33 °C, corrigido com cloreto de cálcio e nitrato de potássio em percentagens semelhantes às do queijo telemea, adiciona-se fermento de bactérias lácticas e coalhada, de modo a que o tempo de coagulação seja de 40-50 minutos.

A coalhada é triturada, durante a qual se separa uma quantidade de soro, após o que é colocada em formas redondas e deixada a escorrer, com a rotação periódica das formas e, por vezes, com a sua rotação.

No final da operação, o queijo é cortado em sectores circulares, polvilhado com sal e deixado a repousar durante cerca de 80-90 minutos, sendo depois retirado dos moldes e deixado a escorrer durante 24-36 horas, com viragens periódicas e salga a seco em cada volta.

Os pedaços de queijo são colocados em embalagens com sal seco e armazenados durante 4 dias a uma temperatura de 12-14 °C, após o que são lavados de todos os lados e colocados novamente nas embalagens, separados com papel vegetal.

Queijos de bolor branco. A variedade mais representativa é o queijo Camembert e caracteriza-se pelo desenvolvimento de bolores brancos na casca, enquanto o núcleo é macio.

A matéria-prima é o leite de vaca gordo que, após a pasteurização, é arrefecido a 38-40 °C, temperatura a que se adicionam fermentos de produção 0,5-3 l/100 litros de leite (Streptococcus lactis e Streptococcus diacetylactis) e cultura de bolores 5- 20 ml/100 litros de leite (Penicillium camemberti). Depois de um repouso de cerca de 30 minutos, arrefece-se até à temperatura de coagulação de 28-30 °C e adiciona-se o coalho, numa proporção que provoca a coagulação do leite num período de 1,5-2 horas. Para obter uma cor avermelhada, podem adicionar-se ao leite 5-20 ml/100 litros de uma suspensão de Bacterium limens.

A transformação da coalhada faz-se por corte, seguido de trituração em grãos do tamanho de uma noz, durante a qual é retirada parte do soro. De seguida, o coágulo é passado para formas cilíndricas com possibilidade de virar. Aqui o soro escorre e o queijo é prensado durante cerca de 20 horas, com 4-5 voltas.

Após a prensagem, o queijo é salgado a seco duas vezes com um intervalo de dois dias ou, para encurtar o tempo de fabrico, pode ser introduzido durante três horas em salmoura com uma concentração de 20-22%.

Para a cura, o queijo salgado é colocado em salas termostáticas (13-15 °C, 7585% de humidade relativa), onde permanece durante 12-14 dias, com viragens periódicas. Nestas condições, forma-se uma camada superficial de bolor branco na superfície do queijo.

A maturação dura entre 8 e 15 dias, durante os quais os queijos são colocados em prateleiras especiais, com possibilidade de virar, em espaços com uma temperatura de 11-15 °C e uma humidade relativa do ar de 88-90%. No final da fase de maturação, o bolor adquire uma tonalidade ligeiramente suja, com manchas vermelhas.

Queijos de bolor verde. Característico deste sortido é o queijo Roquefort, em que a maturação é efectuada pela ação de um bolor selecionado (Penicillium roqueforti), de cor azul-esverdeada, que se desenvolve em toda a massa do queijo, conferindo ao produto um sabor e um aroma específicos.

A matéria-prima para o fabrico do queijo Roquefort é o leite de ovelha, o leite de vaca, uma mistura dos dois, bem como uma mistura de leite de vaca com leite de búfala. Após normalização para um máximo de 3% de matéria gorda, o leite é pasteurizado e arrefecido a 2530 °C, altura em que se adiciona 3-5% de fermento de bactérias lácticas, sendo o tempo de coagulação de 90-120 minutos.

A coalhada é cortada e transformada até se obterem os grãos com a consistência

desejada, o soro formado é sifonado e a coalhada passa para uma válvula especial de escoamento, sendo a temperatura mantida constantemente a 18-20 °C. No final do fluxo, a massa de coágulo é passada para formas cilíndricas (diâmetro de 20 cm e altura de 15 cm), sob a forma de camadas de 3-4 cm de espessura, sendo cada camada (menos a última) polvilhada com pó de bolor.
Os moldes de queijo são submetidos a rajadas de ar durante 3-4 dias em salas termostáticas (18 °C e 90-95% de humidade relativa do ar), sendo os moldes virados três vezes por dia. No final, os queijos são retirados dos moldes e deixados a repousar no chão das caves durante 4-5 dias, a temperaturas baixas de 10-12 °C.
A salga dos queijos é efectuada em salas especiais, em 3 a 4 parcelas com intervalos de 12 dias, com sal seco, esfregando os bordos com sal, devendo a temperatura de trabalho ser inferior a 10 °C. Durante este período, forma-se uma mucilagem necessária na superfície dos queijos, que é removida por raspagem.
Antes da maturação, as formas são picadas com agulhas especiais, operação que tem por objetivo permitir a entrada de ar no seu interior e o subsequente desenvolvimento do bolor de forma mais rápida e uniforme. As salas de maturação são construídas de forma a garantir rigorosamente a temperatura de 5-7 0C e a humidade relativa do ar de 90-95%, com a sua recirculação pelo menos três vezes por dia. Isto é necessário porque durante o processo de maturação são libertados amoníaco, dióxido de carbono e outros gases específicos da maturação.
Durante a maturação, forma-se uma camada de bolor e mucilagem na superfície dos queijos, que deve ser removida porque bloqueia o acesso do ar ao interior do queijo.
O tempo de maturação varia entre 1-3 meses, após o qual se recomenda o acondicionamento em chapas metálicas e a conservação em espaços com uma temperatura de 1-2 0C.
O queijo Tilsit é fabricado a partir de leite de vaca inteiro ou parcialmente desnatado, com um determinado teor de gordura. O leite é pasteurizado e, em seguida, arrefecido até à temperatura de coagulação, entre 28 e 35 °C, quando é adicionado fermento de bactérias lácticas (0,3-0,8 l/100 litros de leite), cloreto de cálcio (10-15 g/100 litros de leite), corante (2-3 g/100 litros de leite amarelo Orleans) e, para evitar o inchaço, nitrato de potássio (10-20 g/100 litros de leite).
A coagulação dura cerca de 30-40 minutos, após o que o coágulo é esmagado e misturado durante 10-15 minutos. Segue-se o segundo aquecimento a uma temperatura de 35-42 °C, com mistura contínua; no final, os grãos de queijo têm uma consistência elástica e suficientemente dura. Após um período de repouso, quase todo o soro é escorrido, a massa restante é misturada vigorosamente e

distribuída em formas cilíndricas com um diâmetro e uma altura de 25 cm. Deixa-se escorrer durante 12-20 horas, virando periodicamente as formas.

O queijo é salgado em salmoura a 12-16 °C, com uma concentração de 18-20%, durante 2-3 dias, seguindo-se uma salga a seco em 4-5 voltas, durante 10-12 horas, e um jato de curta duração, passando os moldes para as salas de maturação.

A maturação do queijo Tilsit dura 2-3 meses e tem lugar em salas com uma temperatura de 12-16 °C e uma humidade relativa do ar de 90-95%. Devido ao facto de, após alguns dias, aparecer uma camada de mucilagem amarelo-avermelhada na superfície das formas, estas são lavadas a intervalos de 3 dias, com mudança das prateleiras em que foram colocadas. No final, os queijos são embalados em papel vegetal ou em folha metálica forrada com papel vegetal.

Queijos holandeses. Deste grupo, os mais famosos são os queijos Edam e Gouda, sendo as diferenças entre as duas variedades dadas pela forma e por algumas características organolépticas.

O queijo Edam é obtido a partir de leite normalizado, pasteurizado e arrefecido a 32-35 °C, ao qual se adiciona 0,5-1,5% de fermento de produção, formado por bactérias do ácido lático. Para obter uma cor amarela, adiciona-se corante ao leite numa proporção de 3-4 mg/100 litros.

A coagulação ocorre a uma temperatura de 28-34 °C e dura entre 35-40 minutos.

A coalhada é continuamente triturada com a evacuação do soro, seguida de um segundo aquecimento a 35-37 °C, quando os grãos de queijo são pequenos e elástica, pratica-se por vezes uma lavagem dos grãos com água, substituindo parte do soro por água. No final da lavagem, o soro é retirado e a massa de coalhada é submetida a prensagem sob diversas formas, sendo o tempo de prensagem dependente da forma.

A salga é efectuada com uma concentração de salmoura de 18-20% durante 2 dias para as formas pequenas e 4-5 dias para as formas grandes, sendo a temperatura da salmoura de 12-15 °C. Após a salga a seco e o turbilhonamento, as formas de queijo são colocadas em salas com uma temperatura de 10-15 °C e secas, para iniciar a maturação.

No início, os queijos são virados diariamente, depois de 2 em 2 ou 3 dias, durante os quais se forma um bolor na superfície da casca, que deve ser lavada periodicamente (8 a 10 dias), sacudida e reintroduzida na sala de maturação. Após 2-3 semanas, a casca dos queijos torna-se compacta e seca, altura em que são parafinados e armazenados em espaços refrigerados a uma temperatura máxima de 7-8 °C.

O queijo Gouda é obtido a partir de leite pasteurizado, inteiro ou parcialmente desnatado, ao qual se adicionam as mesmas quantidades de fermento que ao queijo Edam. A coagulação tem lugar durante 30-35 minutos a uma temperatura de 30-33 °C, a massa de coágulo é triturada com a remoção de parte do soro de leite, sendo depois submetida a um segundo aquecimento a 37-43 °C com mistura, até se obterem algumas partículas de consistência forte.

A massa de coalhada é prensada na válvula e os pedaços de coalhada são cortados no tamanho das formas a serem obtidas. Se a prensagem for efectuada em formas, estas são viradas periodicamente para escoar o soro, em ambos os casos a força de prensagem é crescente. É feita com 15-17% de salmoura no primeiro dia e com 22-24% de concentração no segundo dia, a duração da salga depende do tamanho dos queijos (4-5 dias para formas pequenas e 7-8 dias para formas grandes).

A maturação dos queijos é efectuada em salas especiais e tem uma duração de 2-3 meses, no início (8-10 dias) a uma temperatura de 15-17 °C, após o que é baixada para 13-15 °C, com regressos de formas em intervalos de tempo determinados. Dado que, durante o período de maturação, se formam bolores na casca, os queijos são periodicamente lavados, agitados e reintroduzidos nas salas de maturação.

O queijo Svaiter é um sortido originário da Suíça, sendo a qualidade do leite e a qualificação do pessoal determinantes para a obtenção de um produto adequado.

O leite utilizado como matéria-prima deve ser de muito boa qualidade, geralmente proveniente de vacas que pastam na zona de montanha. Antes da coagulação, adiciona-se ao leite um fermento de cultura, como o Stertococcus thermophilus e o Thermobacterium helveticum, ao qual se podem também adicionar bactérias propiónicas.

A coagulação é efectuada durante 25-35 minutos a 32-34 °C, com corte vertical do coágulo e trituração grosseira, seguida de trituração com um arpão e formação do grão de coágulo.

A partir daqui, a massa é transferida para um misturador mecânico, onde, durante 30-50 minutos, os grãos são homogeneizados até atingirem a consistência e a forma desejadas. Segue-se o segundo aquecimento, durante 25-35 minutos, a uma temperatura de 52-56 °C, altura em que a mistura da massa de coágulo e a secagem dos grãos continuam, durante 30-60 minutos, no final dos quais se procede a uma forte mistura da massa de coágulo, para uniformizar a sua distribuição numa forma cónica.

Removida com a ajuda de uma peneira (gaze), a massa da coalhada é submetida a prensagem numa forma dita cilíndrica, primeiro à mão, para retirar parte do soro e uniformizar a espessura, depois é inserida numa prensa com tampa de madeira. Como a atividade das bactérias lácticas deve ser intensa durante a prensagem, a temperatura de trabalho será mantida a cerca de 20 0C,

conhecendo as bactérias termofílicas um desenvolvimento intenso.
A duração da prensagem varia entre 20-24 horas, durante as quais as formas são periodicamente viradas, sendo cada retorno substituído por um novo. Durante este período, a força de prensagem aumenta progressivamente. Após a prensagem, as rodas de queijo são marcadas com a data de fabrico e pesadas, sendo depois deixadas a arrefecer durante algum tempo.
A salga a seco é efectuada durante 1-2 dias em moldes e, em seguida, em salmoura com uma concentração de 20-22%, a uma temperatura de 10-15 °C, com viragem, após o que os pedaços de queijo são retirados e colocados nas prateleiras durante um período de 2-3 dias na tempestade. Antes da maturação, os queijos são conservados durante 2-3 semanas em salas com uma temperatura de 12-15 °C.
A maturação tem lugar em espaços dispostos a uma temperatura de 20-24 °C e uma humidade relativa do ar de 85-90%, com viragem periódica e lavagem do molde com água salgada (evitando assim uma secagem demasiado intensa da casca). Passado cerca de um mês, os queijos são transferidos para um espaço com uma temperatura de 12-15 °C e uma humidade de 85-87%, sendo o tempo de conservação de 3-6 meses, repetindo-se a viragem periódica e a lavagem do molde com água salgada. Por fim, a casca adquire uma cor amarelada, a pasta é elástica, com vazios de ar, sabor e aroma específicos.
O queijo parmesão tem uma consistência dura, o que lhe permite ser conservado durante muito tempo (vários anos). É obtido a partir de leite de vaca normalizado a 2,02,2% de gordura e não pasteurizado.
A coagulação tem lugar durante 15-20 minutos a uma temperatura de 32-34 °C, após o que o coágulo é bem triturado e depois misturado durante 20 minutos com a separação abundante do soro de leite.
Após um período de repouso, retira-se uma parte do soro e procede-se ao segundo aquecimento em duas fases. Uma primeira fase de 10-15 minutos a 45-47 °C, quando o coágulo perde o brilho e ganha elasticidade, e uma segunda fase de 15-20 minutos a 5255 °C, quando a desidratação se acentua e os grãos do coágulo se ligam melhor, sendo evidente a cor amarela da pasta.
No final do aquecimento, a massa de coágulo é intensamente misturada, com a remoção de uma quantidade significativa de soro de leite, e é deixada para deposição. De seguida, a coalhada é colocada em moldes cilíndricos e prensada durante 24 horas, progressivamente e com viragem periódica das formas. Por fim, os moldes são retirados da prensa e deixados a arejar durante 2-3 dias em espaços com uma temperatura de 14-16 0C. As formas de queijo são salgadas durante 25-27 dias com salmoura (40 g de sal por 1 kg de queijo) a uma temperatura de 10-15 °C, com viragem periódica. No final deste período, as

formas de queijo são colocadas nas prateleiras para secar durante 6-8 dias, sendo depois lavadas com água morna e raspadas em toda a superfície. O objetivo é eliminar eventuais bolores, mas também garantir que as peles tenham a consistência que impede a evaporação da água e a extrusão da gordura durante a maturação.

A primeira fase de maturação decorre durante 5-6 meses em salas com uma temperatura de 12-16 °C, com retorno das formas em intervalos de 4-5 dias. A segunda fase de maturação consiste em limpar os queijos de bolores, tratar a casca com óleo de linhaça para parar o processo de desidratação e mantê-los em salas com 75-80 % de humidade durante 8-10 meses, período durante o qual é aplicada uma camada de tinta especial na superfície do queijo. O processo de maturação pode continuar durante 3-4 anos e os queijos obtidos podem ser conservados a uma temperatura de 10-12 °C durante 15-20 anos.

O queijo Cheddar é também um sortido de consistência dura e de longa duração, sendo a sua especificidade o processo de acidificação da coalhada, operação também designada por cedarização.

A matéria-prima é o leite de vaca com 3,4-3,6% de gordura, 85% cru misturado com 15% de leite pasteurizado. A levedura de produção, numa proporção de 1,5-1,7%, contém bactérias lácticas como Streptococcus lactis, diacetylactis e cremoris, às quais se adiciona 0,1-0,2% de levedura de Lactobacillus helveticus e Streptobacterium casei. Nesta fase, são adicionados ao leite corantes alimentares (4-8 g/100 litros de açafrão) e cloreto de cálcio (20 g/100 litros).

A coagulação tem lugar durante 30-35 minutos a uma temperatura de 30-35 °C.

A transformação envolve a trituração gradual dos grãos de coalhada com a remoção do soro, seguida do aquecimento da massa de coalhada em duas etapas: uma primeira etapa a 37 °C com mistura contínua, seguida da segunda a 42 °C, quando a maior parte do soro é separada e os grãos de coalhada são colocados na válvula sob a forma de uma camada de 1520 cm de espessura, seguida de uma prensagem da massa de coalhada.

A cedarização começa com o corte da massa prensada em formas de paralelepípedo e a sua colocação numa válvula especial, onde o soro é descarregado pela zona central. Fecha-se a tampa da válvula e introduz-se vapor até a temperatura atingir 35-38 °C. Em intervalos de 10 minutos, os pedaços de coalhada são virados e colocados em três camadas. Devido ao aumento da temperatura, estimula-se a fermentação láctica, formando-se cada vez mais ácido lático, o que provoca a acumulação de uma quantidade crescente de paracaseinato monocálcico na massa da coalhada, que amolece, estica e se divide em camadas. O processo de cedarização pára quando a acidez da coalhada atinge 220 °T, durando normalmente entre 100-120 minutos.

O queijo cedro é cortado em forma de grandes massas, salgado com 2,5-3,0 kg de sal por 1000 litros de leite, após o que é introduzido em formas cilíndricas onde é progressivamente prensado durante 30-40 horas. É retirado das formas e submetido a um envelhecimento de 12 dias em salas com uma temperatura de 10-12 °C e uma humidade relativa de 75-80%, com viragens e limpezas periódicas da forma, no final das quais as formas de queijo são enceradas.
A cura propriamente dita decorre durante 3 meses em salas com uma temperatura de 6-10 °C e uma humidade relativa de 75-80%, com viragens periódicas, após o que as formas de queijo são novamente enceradas.
Tecnologia de fabrico do queijo amassado. Os queijos amassados são produtos originários da zona montanhosa, obtidos a partir de leite de ovelha, segundo procedimentos simples e que, suponho, consistem na preparação da coalhada de ovelha e, em seguida, do queijo propriamente dito.
O queijo Putina, específico da região da Moldávia, requer a coagulação da coalhada de ovelha com o coalho durante 45-60 minutos, a uma temperatura de 30-32 °C. A coalhada é cortada em pedaços e esmagada para obter grãos de coalhada do tamanho de uma noz ou ainda mais pequenos, após o que é espremida com uma peneira e suavemente amassada sobre um rábano, durante o qual grande parte do soro escorre. A sedila é atada e pendurada para que o soro escorra, por vezes com ligeira pressão da massa, considerando-se o dessoramento terminado quando as gotas de soro são pequenas e raras. A coalhada resultante do dessoramento deve ser curada durante 3 a 6 dias em locais com atmosfera controlada (temperatura de 12 a 15 °C, com viragem periódica da coalhada). No final da maturação, a coalhada apresenta uma cor amarelada, um cheiro e um sabor específicos, com espaços vazios em toda a sua massa.
Para obter o queijo amassado, a coalhada é cortada em fatias finas e, depois de lhe ser retirada a casca, é submetida a uma trituração com trituradores, obtendo-se uma pasta fina com uma estrutura homogénea. Adiciona-se 3-4% de sal sobre a pasta de queijo, mistura-se bem e passa-se por rolos para homogeneizar a pasta. Preparada desta forma, a pasta de queijo é colocada em tabuleiros de madeira forrados com papel vegetal, bem pressionados para retirar o ar e fechados com tampas para evitar o contacto com o ar, após o que os tabuleiros são deixados a maturar durante duas semanas em salas com uma temperatura de 14-16 °C.
O queijo de fole é também específico das regiões de montanha, mas é igualmente fabricado num sistema industrial. A tecnologia consiste em obter a coalhada de ovelha, que é semelhante ao queijo fresco, com pequenas diferenças relacionadas com as especificidades da região.

A coalhada madura é cortada em pequenos pedaços e triturada em máquinas de picar, salgada a seco com 2,5-3,5% de sal, bem amassada até se obter uma pasta homogénea com um sabor ligeiramente salgado. Se necessário, a pasta pode ser homogeneizada, passando-a por rolos.

Para tal, a pasta de queijo é colocada numa pele de carneiro (o fole) preparada e devidamente tratada, pressionada para eliminar o ar o mais completamente possível, seguida de picadas no fole para permitir que o soro libertado escorra da pasta de queijo. O tamanho do fole pode variar entre 2-3 kg, quando se utilizam pedaços de pele de ovelha, e até 5060 kg, quando se utilizam peles de ovelha inteiras.

A maturação do queijo de fole decorre durante 10 a 14 dias em espaços com uma temperatura de 12 a 15 °C e uma humidade relativa do ar de 80 a 85%. No final, o produto apresenta uma consistência macia e amanteigada e um sabor específico.

O queijo de casca de abeto é um produto que se fabrica habitualmente em celeiros de montanha, seguindo um processo semelhante ao do queijo de fole, com a diferença de que a maturação é efectuada depois de a pasta de queijo ser embalada em casca de abeto. Isto permite imprimir um sabor específico de material resinoso no produto final.

A tecnologia de fabrico dos queijos escaldados. O fabrico de queijos escaldados baseia-se na propriedade da caseína de se esticar em fios (obter propriedades plásticas), sob certas condições de temperatura e acidez. Basicamente, ocorre uma desmineralização do coágulo, quando o fosfocaseinato de cálcio remove parte do cálcio combinado.

Os produtos originários de Itália (conhecidos desde o período romano) utilizavam exclusivamente leite de ovelha; atualmente, o leite de vaca é também utilizado simples ou misturado com leite de ovelha. Dependendo da consistência da pasta, os queijos escaldados, chamados cascavaluri, são fabricados em três versões: com pasta dura, com pasta semi-dura e com pasta mole.

O queijo duro é obtido a partir de leite de ovelha e inclui duas fases: a preparação do queijo e a produção efectiva do queijo.

O leite normalizado e pasteurizado é coagulado com culturas seleccionadas durante 30-45 minutos a uma temperatura de 32-35 °C. O tratamento do coágulo consiste em cortá-lo e misturá-lo durante 10-15 minutos, até se obterem grãos do tamanho de ervilhas, seguido de uma mistura vigorosa durante 5-10 minutos com o misturador. Deste modo, obtém-se uma boa desidratação da massa de coágulo, processo que é continuado pelo segundo aquecimento a 38-40 °C, durante o qual a massa é submetida a uma agitação contínua.

Após o segundo aquecimento, os grãos de coágulo são recolhidos e prensados no fundo da válvula, após o que são colocados numa sede de escoamento, com trituração para favorecer a eliminação do soro. A coalhada é prensada até se atingir uma humidade de 46-48%, sendo depois deixada em salas a uma temperatura de 22-24 °C para fermentação, até se obter um pH de 4,8-5,0, considerado o valor ótimo para o escaldado.

A operação específica para o fabrico do queijo é a escaldagem, que confere ao queijo as características plásticas, como a consistência e a elasticidade, com uma perda mínima de matéria seca ou de gordura.

Para o efeito, a coalhada é cortada em fatias ou pedaços pequenos e misturada com água quente a uma temperatura de 70-75 °C (nalgumas variedades pode mesmo atingir 85 °C), durante 1-2 minutos, misturando continuamente a massa de coalhada com espátulas, de modo a que esta se torne uma pasta macia e elástica e tenha uma temperatura final de cerca de 55 °C. Para eliminar a água, a coalhada escaldada é amassada à mão, esticada várias vezes e sobreposta em camadas, procedendo-se à salga a seco das tiras de coalhada escaldada. A salga também pode ser efectuada durante o escaldamento da coalhada, adicionando uma salmoura com uma concentração de 8-12%.

A pasta quente é colocada em formas cilíndricas ou paralelepipédicas de diferentes tamanhos, providas de gaze no interior para absorver o soro, deixada durante 24 horas com viragem periódica dos moldes, após o que são retirados dos moldes e colocados em prateleiras em salas arejadas para secagem.

O processo de cura do queijo dura cerca de três meses e decorre em espaços com uma temperatura de 16-20 °C e uma humidade de 85%, com viragem periódica das formas. Nos primeiros dias de cura, pode aplicar-se uma ligeira salga seca das formas, que acelera a formação da pele.

Após o fim da maturação, as formas de queijo são lavadas, ventiladas e cobertas com parafina, sendo armazenadas em câmaras frigoríficas a temperaturas de 4-8 °C e humidade de 85-90%.

O queijo de pasta semi-dura é obtido segundo uma tecnologia semelhante à da pasta dura, com a diferença de que o escaldamento e a transformação da coalhada escaldada são efectuados de forma a que a humidade da pasta seja mais elevada.

A salga das formas de queijo é efectuada com salmoura de concentração 22-24%, durante 24 horas, podendo ser complementada com salga seca durante e após a cura.

A maturação do queijo com pasta semitar é feita durante 45 dias a baixas temperaturas e elevada humidade, razão pela qual a quantidade de água no produto é preservada.

O queijo de pasta mole é fabricado a partir de leite de vaca e tem uma tecnologia semelhante à dos produtos semipastosos, sendo o teor de água mais elevado do que estes.

Para além destes produtos característicos, na indústria alimentar encontramos também outros tipos de produtos, como o queijo fumado (de pasta dura, entrançado ou em forma cilíndrica, paralelepipedal ou de pera-provolone), o queijo cru (Mozzarella, é um queijo que se consome imediatamente após a maturação), os bonecos de requeijão (de pasta dura, salgados em salmoura e fumados a frio), etc.

Tecnologia de fabrico de queijo fundido. Trata-se de produtos resultantes da fusão de vários tipos de queijo na presença de sais de fusão. Estes produtos não têm casca, não necessitam de maturação e podem ser conservados durante muito tempo em determinadas condições de armazenamento.

Os queijos fermentados, os queijos amassados, os queijos curados e a coalhada são utilizados como matérias-primas para a produção de queijos transformados, sendo as proporções estabelecidas pelas receitas de fabrico.

São também aqui adicionados os queijos com defeitos de forma, com a casca rachada ou desalinhada. Os produtos com defeitos de fabrico não são utilizados, porque esses defeitos são também transmitidos ao produto fundido.

A operação específica destes queijos é a fusão e é influenciada pelos sais de fusão utilizados, que desempenham o papel de emulsionantes, com efeitos sobre a consistência, o sabor e o prazo de validade. Na prática industrial, são utilizados sais de sódio de ácido cítrico, ácido tartárico, polifosfatos e sais de ácidos orto e meta pirofosfóricos.

Durante a fusão, na ausência de emulsionantes, há uma separação da gordura das substâncias proteicas sob o efeito do calor, resultando numa massa borrachosa que flutua na gordura derretida.

A adição de sais fundentes faz com que estes sejam absorvidos pela massa de queijo, provoca o inchaço e a solubilização das substâncias proteicas, com a formação de uma nova emulsão com a gordura. Ao arrefecer, a massa da emulsão solidifica, mantendo o seu carácter de emulsão.

A fusão das matérias-primas, previamente cortadas, é efectuada durante 1015 minutos em equipamento especial, a temperaturas de 85-90 °C, com mistura contínua da massa fundida e adição de 2-3% de sal em pó, consoante o tipo de produto, de modo a que o queijo fundido tenha um pH final de 5,7-5,9. Para os produtos de pasta mole, a fusão é efectuada a temperaturas mais baixas e com uma duração mais longa, enquanto que para os produtos de pasta mais dura se procede a uma fusão rápida a temperaturas elevadas e com sais especiais.

Após a fusão, a pasta mole é transferida para as máquinas divisoras, onde a temperatura da pasta é mantida elevada, seguindo-se a embalagem e o arrefecimento progressivo para evitar a condensação de vapor de água na superfície da embalagem.

1.7.Tecnologia de fabrico de gelados

O gelado é definido como um produto alimentar obtido por congelação com ar comprimido de uma mistura de leite, produtos lácteos e ingredientes. O fluxo tecnológico de fabrico inclui as seguintes operações: preparação da mistura ou mistura de matérias-primas e aditivos, pasteurização, homogeneização, arrefecimento, maturação, congelação ou congelamento, embalagem, têmpera e armazenamento.

As matérias-primas e os aditivos utilizados no fabrico de gelados dependem do sortido fabricado e são:

- leite gordo, leite concentrado, natas, leite em pó desnatado, manteiga doce e derretida, leitelho doce ou em pó;
- emulsionantes e estabilizadores de emulsão, tais como gelatina, monoestearato de glicerina, agargar, polissacáridos de tipo goma ou amido, alguns fosfatos e citratos, lecitina, gema de ovo;
- edulcorantes vegetais (sacarose, glucose) e seus sucedâneos (sacarina, sorbitol);
- aditivos para aromas e sabores: aromas e corantes sintéticos, frutos frescos, congelados, cristalizados e sumos de frutos, baunilha, cacau, avelãs, nozes, essências (laranjas, limões, pistácios, etc.), corantes naturais (indigotina, tartrazina, amaranto);
- ácidos orgânicos para corrigir a acidez (ácido ascórbico, ácido cítrico, ácido lático, ácido fosfórico, ácido málico, ácido tartárico), para aumentar o teor de vitamina C (ácido ascórbico) ou como emulsionantes (ácido fosfórico e ácido cítrico).

A preparação do mix ou mistura de matérias-primas, materiais e adições é efectuada em grandes recipientes com possibilidade de mistura e aquecimento, de acordo com receitas específicas para cada sortido fabricado. Como ordem de introdução, todos os componentes líquidos são primeiro colocados na válvula, que são continuamente misturados e aquecidos para uma melhor homogeneização. Segue-se a adição dos componentes secos, depois de devidamente preparados previamente, continuando a mistura, e depois os estabilizadores de emulsão, sob a forma de soluções ou em pó. Os principais indicadores de qualidade da mistura são a viscosidade e a acidez natural, sendo estes parâmetros determinados pela composição da mistura e pela qualidade dos ingredientes utilizados.

A pasteurização visa tanto a destruição da microflora patogénica como a melhoria das qualidades tecnológicas da mistura. Dependendo do tipo de estabilizador utilizado, a pasteurização pode ser efectuada a temperaturas de 63-65 °C durante 2030 minutos, para o que são utilizadas válvulas de parede dupla, respetivamente durante um mínimo de 2,5 segundos a 80 °C ou 1-3 segundos a 100-130 °C, quando são utilizados pasteurizadores de placas. Após a pasteurização e o arrefecimento, os aromas e os corantes são introduzidos na mistura.

Os métodos de pasteurização a alta temperatura são recomendados porque destroem melhor os microrganismos nas misturas, melhoram a textura e o aroma do produto, reduzindo a quantidade necessária de estabilizador.

A homogeneização da mistura deve conduzir à obtenção de uma suspensão estável, homogénea e fina da gordura, de modo a evitar a sua separação sob a forma de grãos de manteiga. A operação é efectuada em instalações de duas fases, a primeira a alta pressão (entre 150-250 atm, dependendo do teor de gordura) e a segunda fase a baixa pressão (35-40 atm).

A mistura é arrefecida rapidamente a 3-5 °C e tem como objetivo estabilizar a emulsão de gordura. Isto evitará que as partículas de gordura se aglomerem, mas ao mesmo tempo também evitará o possível desenvolvimento de microrganismos que tenham sobrevivido ao tratamento térmico.

O arrefecimento evita o aumento da viscosidade da mistura, o que favorecerá a operação de congelação parcial.

Após arrefecimento, a mistura é deixada a amadurecer durante, pelo menos, 4 horas, sendo a temperatura de trabalho de 0-4 °C. Durante este tempo, ocorre a solidificação das partículas de gordura, uma hidratação das substâncias proteicas com a absorção de água em estado livre e que determina a formação de um gel elástico.

Se o período de maturação aumentar e os processos de maturação se intensificarem, mas por razões económicas, o tempo é limitado.

O congelamento parcial da massa misturada, também chamado de congelamento, solidifica pelo menos 35-60% da água da mistura, o que faz com que o volume do sorvete aumente até 25-100% em relação ao volume inicial. Todo este tempo na massa de mistura sujeita a congelação aprisiona ar até ao limite em que a quantidade de ar incorporada é igual à perdida (limite de retenção de ar). A presença de ar faz com que os cristais de gelo formados durante a congelação tenham uma estrutura fina, distribuída uniformemente na massa de gelado, resultando num produto que durante a têmpera e armazenamento manterá a sua estrutura.

A velocidade de congelação deve ser elevada e é efectuada em dispositivos especiais denominados congeladores; no final, a temperatura do produto é de -4 ... -7 °C. Depende da viscosidade da mistura, do seu ponto de congelação, do teor de gordura, da temperatura de trabalho, da velocidade de circulação da mistura e do refrigerante, pelo que é escolhido em função de todos estes factores.

A têmpera do gelado é efectuada imediatamente após o congelamento e é realizada em túneis com circulação forçada de ar a temperaturas de -35 ... -40 °C, durante 1-4 horas (dependendo do método de embalagem). Durante este período de tempo, o resto da água do gelado congela (cerca de 50%).

Aqui pode ser destacado se o ar incluído na mistura durante o congelamento está na proporção adequada. Assim, se o ar arrastado for muito pouco, o gelado endurece, torna-se denso e os cristais de gelo são grandes, enquanto que demasiado ar leva à compressão do gelado.

O gelado é armazenado em câmaras frigoríficas durante 1-4 meses a temperaturas de -18 ... - 25 °C, e a temperaturas inferiores até 8 meses, sendo o seu transporte e distribuição efectuados com máquinas de refrigeração em que a temperatura do produto não deve exceder valores de -15 ... -16 °C.

1.8.Tecnologias de valorização dos subprodutos da indústria do leite

Da transformação do leite resultam alguns subprodutos cujo valor nutritivo é importante, bem como a presença de substâncias azotadas, hidratos de carbono e lípidos, a partir dos quais se podem obter produtos com diversas utilizações na indústria alimentar (indústria de lacticínios, indústria de carnes, indústria de produtos cárneos padaria e pastelaria), indústria do papel, pecuária, etc.

Os principais produtos secundários resultantes da industrialização do leite são o leite creme, o soro resultante da fabricação de queijos e o leitelho resultante do batimento de natas, sendo a sua composição determinada pelos processos físicos e bioquímicos aplicados ao processamento do leite ou da nata.

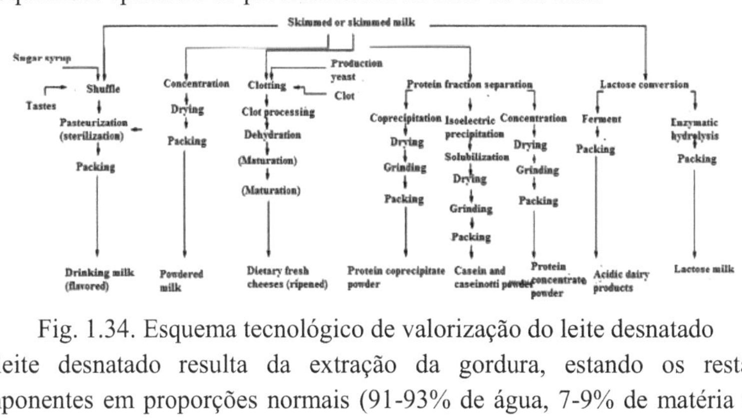

Fig. 1.34. Esquema tecnológico de valorização do leite desnatado

O leite desnatado resulta da extração da gordura, estando os restantes componentes em proporções normais (91-93% de água, 7-9% de matéria seca, dos quais 0,01-0,1% de gordura, 3-4% de substâncias proteicas, 4-5% de lactose, 0,6-0,8% de sais minerais, vitaminas e enzimas).

Através de vários processos de transformação do leite desnatado (fig. 1.35), a partir deste subproduto é possível obter leite dietético, adoçado e aromatizado, leite desnatado em pó, queijos dietéticos frescos e curados, caseína e derivados proteicos em pó, produtos lácteos ácidos ou leite sem lactose.

A caseína ácida em soluções alcalinas é utilizada na produção de colas, papel, aglutinante em pastas de giz, no acabamento de peles de animais, bem como na preparação de soluções para papéis e filmes fotográficos.

Os co-precipitados e os caseinatos são muito utilizados em vários sub-ramos da indústria alimentar:

- na indústria dos lacticínios: aos lacticínios propriamente ditos (iogurte com coprecipitado de proteínas, natas com caseinato de sódio), aos lacticínios especiais para a nutrição de crianças pequenas e bebés (com um elevado teor de aminoácidos essenciais, cálcio e digestibilidade aumentada), aos produtos energéticos e fortificantes, aos lacticínios simulados (leite simulado com gordura não proveniente do leite ou de óleos vegetais, natas simuladas), aos produtos para bater (são pós que, quando misturados com água, dão origem a espumas estáveis), aos produtos instantâneos;
- na indústria da carne: para obter texturas proteicas que são a matéria-prima para o fabrico de substitutos de carne e como aditivos proteicos nutritivos em preparados de carne;
- na indústria de panificação e pastelaria: para melhorar o índice de deformação do glúten e as propriedades da massa, aumentando a porosidade e o volume, para o fabrico de biscoitos gluténicos e açucarados aumentando a resistência à rutura e ao esfarelamento, para aumentar o valor nutricional de alguns produtos de pastelaria, imprimindo um sabor específico de leite.

O leite em pó desnatado é o mais utilizado na indústria alimentar entre os produtos secundários, sendo utilizado no fabrico de produtos lácteos (iogurtes, gelados, alguns queijos), na indústria de carnes (faz parte de algumas preparações como salames, salsichas, roulades, chouriços), na indústria de panificação para aumentar o valor nutritivo do pão, o seu prazo de validade, mas também para imprimir o sabor a caramelo da côdea, no fabrico de bolachas, wafers e esmaltes diversos, no fabrico de chocolate e doces.

O leite com lactose é utilizado na dieta das pessoas que apresentam intolerância à lactose.

O soro de leite resultante do fabrico de queijos tem uma composição química média de 93-95% de água, 5-7% de matéria seca, dos quais 4-5% de lactose, 0,8-1,0% de substâncias proteicas, 0,5-0,8% de sais minerais, 0,0-0,3% de gordura e 0,2-0,8% de ácido lático, sendo as vitaminas C, B1, B2, B6 e H também identificadas no soro de leite.

Refrigerantes, queijos, concentrado e pó de soro de leite, lactose e alguns produtos químicos. Em alguns casos, o soro de leite é também utilizado para a produção de etanol.

Os refrigerantes feitos a partir de soro de leite são fabricados desde a antiguidade, sendo característicos o kvass e o chisel. O kvass é obtido através da fermentação com culturas de bactérias lácticas e leveduras de soro de leite doce (resultado do fabrico de queijos coalhados ou coalhadas), ao qual se adiciona 2-3% de açúcar. O chisel tem o mesmo processo de fabrico, com a diferença de que ao soro de leite são adicionadas pequenas quantidades de amido e substâncias aromatizantes. Algumas variedades de bebidas de soro de leite são obtidas através da adição de leitelho, açúcar, mel e sumos de fruta.

Os queijos de soro de leite são principalmente representados pela coalhada, um produto alimentar rico em gordura e albumina. A coalhada é preparada a partir do soro de leite resultante do fabrico da coalhada de ovelha, aquecida e misturada continuamente (evitar a deposição da albumina na superfície do recipiente), quando se forma uma espuma na sua superfície que se separa e escorre num coador.

Na categoria dos queijos de soro de leite, podemos também mencionar o queijo Ricotta (é feito de soro de leite misturado com 10% de leite desnatado ou leitelho doce), o queijo Mysot (de soro de leite de vaca), o Gjetost (de soro de leite de ovelha), o Primost (de soro de leite com adição de gordura láctea), respetivamente o Gudbrandsdalsost (88% de soro de leite de ovelha, 12% de soro de leite de vaca, ambos concentrados).

O soro de leite concentrado pode ser com ou sem aditivos, dependendo do grau de concentração, tendo o soro de leite concentrado a uma certa densidade com ou sem adição de açúcar, xarope de soro de leite e pasta de soro de leite.

O soro de leite em pó é obtido de acordo com uma tecnologia semelhante à do leite em pó, sendo o teor final do produto em água de cerca de 8%. O soro de leite em pó é utilizado tanto na indústria de panificação como no fabrico de gelados, no fabrico de doces e também para fins forrageiros.

A lactose separada do soro doce é utilizada como agente de cristalização na produção de leite concentrado, no amaciamento de produtos de pastelaria e como agente dispersante na produção de corantes.

Entre os produtos químicos que podem ser separados do soro de leite, os mais importantes são o ácido lático e o lactato de cálcio. Para tal, o soro de leite pasteurizado é fermentado com bactérias lácticas termofílicas, resultando em 0,5-0,6% de ácido lático, e o lactato de cálcio é obtido por neutralização com carbonato de cálcio.

O ácido lático é utilizado no fabrico de bebidas não alcoólicas, em alguns

produtos de confeitaria, no tratamento do couro na indústria têxtil e no fabrico de algumas matérias plásticas.
O leitelho resultante da nata batida tem uma composição química próxima da do leite desnatado: 92-93% de água, 7-8% de substância seca, dos quais 0,11% de gordura, 3-3,5% de substâncias proteicas, 3-3,5% de lactose e 0,6-0,7% de sais minerais. Devido à sua composição rica em nutrientes, o leitelho pode ser utilizado em vários tipos de produtos.
Os refrigerantes são obtidos a partir de leitelho fresco misturado com açúcar, fermentado com bactérias acidófilas e aromatizado com várias substâncias.
Os queijos são fabricados a partir de leitelho misturado com leite magro (inferior a 30%), tendo o produto final um aspeto semelhante ao queijo de vaca.
Os concentrados de leitelho são amplamente utilizados na alimentação animal. Este é concentrado até 28-30% de substância seca, após o que é misturado com outros alimentos.
O leitelho em pó tem um valor nutritivo próximo do do leite creme e é utilizado na indústria de panificação para aumentar o valor nutritivo dos produtos, em alguns produtos de pastelaria, através do teor de ácido lático do leitelho, que tem também a função de combater a flora putrefacta dos intestinos.

II. REOLOGIA DOS PRODUTOS LÁCTEOS

A reologia alimentar consiste na ciência que estuda a deformação dos sólidos e a fluidez dos líquidos por influência de forças mecânicas aplicadas [4]. Quando estudamos a reologia, temos de distinguir os fluidos newtonianos dos não newtonianos. O fluido newtoniano apresenta um sistema de viscosidade que é independente da taxa de deformação aplicada. Por outro lado, no fluido não-Newtoniano a viscosidade depende da taxa de deformação que pode ou não depender do tempo de cisalhamento [5]. Assim, os parâmetros reológicos dos alimentos estão diretamente relacionados com a aceitação do produto final pelos consumidores. No entanto, o comportamento reológico dos alimentos, como os produtos lácteos, pode ser influenciado por alguns factores como o processamento alimentar, a estabilidade do produto e as propriedades organolépticas. Por estas razões, a reologia alimentar é uma ferramenta analítica importante para avaliar a qualidade dos alimentos [6]. Especificamente, nos produtos lácteos, as propriedades reológicas podem ser influenciadas principalmente por três factores: (1) qualidade da matéria-prima; (2) tipo e características dos ingredientes utilizados; e (3) processo tecnológico.

Assim, a avaliação das características reológicas do leite e dos produtos lácteos pode ser aplicada para a seleção de matérias-primas e tipo de processo, para além do controlo de qualidade do produto final [7]. No leite e na nata, o comportamento reológico é semelhante ao das emulsões e suspensões em geral. Ambas podem apresentar comportamento newtoniano ou não-newtoniano, dependendo da composição, condições ou processos a que possam ser submetidas [8]. A composição do leite tem uma influência determinante nas características reológicas dos produtos lácteos. O teor de gordura tem um efeito maior na reologia dos produtos lácteos. Desta forma, produtos com alta concentração de gordura têm comportamentos diferentes. A proteína do leite, principalmente a caseína, também influencia a viscosidade dos produtos lácteos. As propriedades físico-químicas dos glóbulos de gordura e das proteínas são as mais afectadas dos constituintes do leite. No entanto, estes compostos podem ser modificados por alguns factores, como o processo térmico e as operações mecânicas [9], que alteram significativamente as características reológicas. Assim, determinados compostos e factores podem aumentar ou diminuir as características reológicas do leite e dos seus derivados semi-líquidos [8].

A manteiga é um derivado lácteo que pode ser definido como uma emulsão de gotículas de água numa matriz semi-sólida de gordura láctea. A matriz de gordura láctea é a principal responsável pela textura da manteiga, consistindo numa rede tridimensional de cristais de gordura enredados num meio líquido de óleo. Quando em baixo cisalhamento, a manteiga comporta-se como um material viscoelástico [9].

O leite fermentado, como o iogurte, exibe um comportamento viscoelástico e um afinamento de cisalhamento altamente dependente do tempo no fluxo, apresentando uma reologia complexa. O seu comportamento reológico depende da concentração, composição e pré-tratamento do leite (especialmente tratamento térmico), cultura de arranque e condições de incubação [10,11]. Para além disso, alguns ingredientes como a inulina e a malto-dextrina ou a polpa de fruta podem ser usados para aumentar a viscosidade dos iogurtes de leite de cabra [10]. O processo de fermentação também influencia o comportamento reológico, principalmente quando são utilizadas estirpes que produzem exopolissacarídeos, que podem ser utilizados para aumentar a viscosidade do iogurte e diminuir a suscetibilidade à sinérese. A medição das propriedades reológicas permite caraterizar e prever os efeitos das variáveis envolvidas no processo de fabrico sobre o aspeto sensorial do produto final, nomeadamente a sua textura [8].

O leite condensado é considerado uma suspensão de alta viscosidade de cristais de lactose, glóbulos de gordura, caseína e proteínas do soro de leite em uma solução saturada de lactose e sacarose, apresentando comportamento reológico complexo e exibindo afinamento por cisalhamento dependente do tempo. Assim, como o leite condensado, o doce de leite também é viscoelástico [8].

O gelado consiste numa dispersão de gordura láctea e gordura vegetal numa fase aquosa contendo sólidos lácteos não gordos, edulcorantes de hidratos de carbono e um estabilizador (normalmente um hidrocolóide). É, portanto, essencialmente uma emulsão diluída de óleo em água e, neste aspeto, é semelhante à nata. No entanto, apresenta viscosidade e comportamento reológico variáveis, pois dependem tanto da formulação da mistura quanto das condições de processamento [8]. O sorvete é um produto lácteo congelado consumido no estado congelado; portanto, os processos de congelamento e batimento são fatores que influenciam consideravelmente o desenvolvimento da estrutura, textura e palatabilidade desejadas [12]. Ainda segundo Bahramparvar e Tehrani [12], os estabilizantes, como os polissacarídeos, são um desses ingredientes que, apesar do baixo teor na formulação, conferem funções específicas e importantes ao sorvete acabado, influenciando sua textura e aceitabilidade.

No queijo, o teor de caseína do leite tem uma influência significativa nas propriedades reológicas do gel de coalho, na sua velocidade de presa e na sua firmeza máxima [13]. Hekken et al. [14] observaram que os queijos Cheddar de elevada humidade, produzidos a partir de leite de cabra com diferentes quantidades de gordura, demonstraram ser influenciados por uma matriz proteica constituída principalmente por P-caseína e que, embora a P-caseína tenha sido degradada durante 6 meses de maturação, o nível de gordura na matriz teve uma influência muito maior nas propriedades reológicas. No processo de produção de queijo, a coagulação interfere na produção do queijo, pois os queijos obtidos de leite com baixa capacidade de coagulação são mais susceptíveis a perdas no armazenamento e podem ser submetidos a uma drenagem incompleta e não homogénea do soro, gerando defeitos na fase de maturação [15].

Para concluir, procuramos mostrar como a reologia pode interferir no produto lácteo final e como as etapas do processo de fabricação influenciam significativamente esses derivados. Assim, percebemos como cada etapa, do início ao fim da produção é importante para a obtenção de um produto final com características reológicas compatíveis com o tipo de produto lácteo.

II.1. Classificação reológica

Os produtos lácteos são classificados principalmente com base no seu comportamento reológico, dependendo do facto de serem líquidos, sólidos ou semi-sólidos. No entanto, alguns produtos têm propriedades tanto de líquidos como de sólidos. Geralmente, os produtos alimentares são classificados reologicamente em dois grupos: a) alimentos fluidos e semi-sólidos e alimentos sólidos [16].

II.1.1 Alimentos fluidos e semi-sólidos

Os alimentos fluidos podem ser classificados como: a) Newtonianos e b) Não-Newtonianos

II.1.1.1 Fluidos newtonianos

Estes tipos de fluidos exibem um fluxo viscoso puro, começam a fluir com a mais pequena força e a taxa de fluxo é proporcional à magnitude da força aplicada. O gráfico da tensão, ou tensão de cisalhamento (força tangencial por unidade), versus a taxa de deformação de cisalhamento (ou deformação angular), também conhecida como taxa de cisalhamento ou gradiente de velocidade (definida como a taxa de variação do ângulo formado entre dois segmentos que eram originalmente perpendiculares) é uma linha reta que passa pela origem. A tensão de cisalhamento dividida pela taxa de cisalhamento correspondente produz a viscosidade newtoniana (p), também chamada de viscosidade dinâmica, viscosidade absoluta ou coeficiente de viscosidade e expressa por poise ou centipoise em Pa.s [17].

II.1.1.2 Fluidos não-Newtonianos

Um grande número de produtos não apresenta uma relação linear entre a tensão e a taxa de cisalhamento. As propriedades de fluxo desses fluidos não-Newtonianos são influenciadas pela taxa de cisalhamento a uma temperatura constante. Uma vez que a viscosidade varia com a taxa de cisalhamento, os fluidos são caracterizados pela viscosidade aparente (pa) a uma taxa de cisalhamento específica. Os escoamentos não-Newtonianos podem ser independentes ou dependentes do tempo [18].

11.1.1.2.1 Escoamento independente do tempo de fluidos não-Newtonianos

Os alimentos cuja viscosidade não é influenciada pelo tempo de cisalhamento a uma taxa de cisalhamento constante são classificados em duas categorias: diluição por cisalhamento e espessamento por cisalhamento.

Fluidos cisalhantes ou pseudoplásticos: Um fluido pseudoplástico mostra uma diminuição da viscosidade aparente com o aumento da taxa de cisalhamento. A curva tensão (r)-taxa de cisalhamento *(y)* é convexa em direção ao eixo da tensão. O comportamento de diluição por cisalhamento de um fluido ou alimento semi-sólido é expresso pelo modelo da lei de potência ou pelo modelo de Waele:

$$\tau = K\dot{\gamma} \qquad (2.1)$$

em que, K=constante de consistência ($Pa.s^n$), n=índice de comportamento do fluxo (tem um valor positivo entre zero e unidade)

Fluidos espessantes ou dilatantes de cisalhamento: Certos tipos de alimentos, como o mel e a pasta de amido cozido, são exemplos de fluidos dilatantes. Neste caso, o fluido apresenta um aumento da viscosidade aparente com um aumento da taxa de cisalhamento. A curva tensão-taxa de cisalhamento é côncava em direção ao eixo da tensão e o valor do índice de comportamento de flutuação (n) é negativo.

11.1.1.2.2 Escoamentos de fluidos dependentes do tempo

Certos fluidos não-newtonianos apresentam uma relação tensão-taxa de cisalhamento dependente do tempo que pode ser categorizada em dois grupos, como se segue:

Tixotropia: Neste caso, a uma taxa de cisalhamento constante, a tensão diminui ao longo de um período de tempo devido à rutura da estrutura até atingir um valor estável, e diz-se que o produto é tixotrópico. Se, em vez de se manter a taxa de cisalhamento constante, esta for primeiro aumentada e depois imediatamente diminuída à mesma taxa, a curva ascendente tensão-taxa de cisalhamento não coincide com a curva descendente, obtendo-se um ciclo de histerese. Leite condensado envelhecido, natas. Os gelados revelam tixotropia.

Fluidos reopécticos: Estes fluidos apresentam um aumento da tensão de cisalhamento com o tempo de cisalhamento a uma determinada taxa de cisalhamento. No entanto, até à data, não foram registados alimentos reopécticos.

11.1.1.2.3 Escoamento de fluidos plásticos

Alguns alimentos não newtonianos apresentam uma tensão de cedência (τB) que tem de ser ultrapassada pela tensão aplicada para que o fluxo ocorra. Estes alimentos que cedem podem mostrar um fluxo plástico ideal (ou de Bingham) caracterizado por um aumento linear da tensão (em excesso da tensão de cedência) que aumenta a taxa de cisalhamento (Fig. 2.1), que pode ser descrito pelo modelo plástico de Bingham:

$$\tau - \tau_B = \eta\dot{\gamma} \qquad (2.2)$$

quando, η= viscosidade plástica ou de Bingham

Em muitos alimentos, no entanto, o comportamento de rendimento pode ser acompanhado por um comportamento de cisalhamento, que pode ser expresso pelo modelo de Herschel-Bulkley:

$$\tau - \tau_{OH} = K_H\dot{\gamma}^{nH} \qquad (2.3)$$

onde, τ_{0H} é a tensão de cedência, e KH e n_H são parâmetros semelhantes aos parâmetros da lei da potência, K e n.

Os alimentos plásticos podem também seguir um comportamento dependente do tempo da taxa de tensão de cisalhamento, tal como os alimentos pseudoplásticos, e podem ser tixotrópicos por natureza.

II.1.2 Viscoelasticidade

A maioria dos alimentos semi-sólidos e sólidos, incluindo o queijo, o paneer, o leite condensado, o gelado e os produtos lácteos indígenas são viscoelásticos por natureza. A dependência temporal da relação tensão-deformação resulta num comportamento denominado viscoelástico, que combina características semelhantes às do líquido e do sólido. Estes corpos combinam materiais viscosos e elásticos. O rácio entre as propriedades elásticas e viscosas dependc da escala de tempo da deformação; em escalas de tempo curtas o comportamento é principalmente elástico e em escalas de tempo longas o comportamento é principalmente viscoso.

II.1.2.1 Caracterização viscoelástica dos materiais

Existem vários ensaios que podem ser utilizados para estudar materiais viscoelásticos e determinar a relação entre tensão-deformação-tempo para um determinado tipo de deformação e um determinado tipo de padrão de carga, incluindo ensaios de relaxamento de tensão, de fluência e dinâmicos.

II.1.2.1.1. Relaxamento das tensões

Neste ensaio, a amostra é subitamente levada a uma determinada deformação (tensão), e a tensão necessária para manter a deformação constante é medida em função do tempo. Os resultados são expressos em termos de módulo dependente do tempo E_t em tração ou compressão, G em cisalhamento ou Kt em compressão em massa. Um dos parâmetros viscoelásticos mais importantes que pode ser obtido a partir deste ensaio é o tempo de relaxamento. É a medida da taxa a que um material dissipa a tensão após receber uma força súbita.

II.1.2.1.2. Medição da fluência

Neste ensaio, a tensão é aplicada subitamente e mantida constante, e a deformação (y ou e) é medida em função do tempo. Para um material viscoelástico, o declive (dy/ dt=y) dá (a partir de o/ y) uma viscoelasticidade aparente. A deformação yo é uma medida da parte elástica. A partir do módulo de cisalhamento instantâneo, pode ser calculado Go (o/ yo) ou a complacência instantânea Jo (yo/o). A curva completa dá Jt que, em princípio, pode ser calculado para produzir Gt. A medição da fluência é muito útil para estudar as propriedades de resistência dos alimentos.

II.1.3. Reologia do leite e dos produtos lácteos

II.1.3.1. Reologia do leite

Uma vez que o leite é uma solução diluída de lactose contendo quantidades relativamente pequenas de proteínas e gordura, é essencialmente um fluido newtoniano, sendo a sua viscosidade relativa de cerca de 1,5. O leite de búfala tem uma viscosidade ligeiramente superior (2,3 m Pa. s a 20°C) à do leite de vaca (2,0 m Pa. S.). Note-se, no entanto, que os valores podem variar sensivelmente em função de vários factores.

A baixas taxas de cisalhamento (<10) e temperaturas abaixo de 40°C, o leite apresenta um comportamento não-Newtoniano.

Após o aquecimento acima da temperatura de pasteurização, a desnaturação da betalactoglobulina e as mudanças estruturais acompanhantes nas micelas de caseína e na membrana do glóbulo de gordura fazem com que a viscosidade do leite aumente. No caso do leite desnatado, no entanto, observa-se uma diminuição da viscosidade após o aquecimento até 130°C seguido de arrefecimento à temperatura ambiente, mas o padrão é invertido acima de 130°C. No entanto, essas mudanças de viscosidade são relativamente pequenas, a menos que o coloide do leite seja desestabilizado a altas temperaturas.

A homogeneização do leite, que resulta num grande aumento da superfície dos glóbulos de gordura com uma camada de proteína adsorvida, aumenta a sua viscosidade. Mas a ausência de imunoglobulinas nas superfícies dos glóbulos recém-formados impede a aglutinação dos glóbulos e, portanto, a não-Newtonianidade do leite diminui.

11.3.2. Reologia de leites concentrados

O leite concentrado por evaporação mantém o seu carácter newtoniano até cerca de 30% de sólidos totais, especialmente a temperaturas superiores a 40°C. Mas se for concentrado por Ultrafiltração (UF), o produto é tipicamente psuedoplástico. O leite condensado fresco não açucarado é apenas ligeiramente psuedoplástico, mas o produto engrossado pela idade é distintamente cisalhante, algo semelhante ao retentado de UF não açucarado. Verificou-se que os componentes viscosos e elásticos deste produto visivelmente viscoelástico sofrem alterações quantitativas consideráveis durante o armazenamento.

11.3.3. Reologia do creme

A principal diferença entre o leite e a nata é o facto de a relação gordura-SNF, bem como o teor de gordura, serem muito mais elevados nesta última. O teor de gordura da nata é o principal fator determinante do seu comportamento reológico, uma vez que os glóbulos de gordura tendem a aglomerar-se durante o cisalhamento. Uma nata espessa sujeita a uma medição constante da taxa de cisalhamento utilizando um viscosímetro de rotação revelará uma ultrapassagem proeminente, especialmente quando a taxa de cisalhamento é muito baixa (<0,1). Os cremes crus e pasteurizados apresentam um comportamento de lei de potência, mas apenas até uma determinada taxa de cisalhamento; a taxas de cisalhamento mais elevadas, o produto tende a desestabilizar-se.

O comportamento reológico de muitos sistemas dispersos, como a nata, pode ser consideravelmente influenciado pelo método de medição. Os viscosímetros de rotação, por exemplo, dão resultados muito influenciados pelo fenómeno de aglomeração, ao passo que as medições por técnicas dinâmicas ou de oscilação (em que se mede a deformação produzida por uma pequena função de tensão que varia sinusoidalmente) são as menos afectadas pela aglomeração.

O estado da gordura na nata, determinado pelo seu historial de temperatura, rege, em grande medida, as suas propriedades de escoamento. O arrefecimento rápido e a diminuição da temperatura atingida resultam numa solidificação mais lenta da gordura e numa recuperação mais lenta da "espessura" da nata. O envelhecimento, que resulta numa acumulação de estrutura na nata, confere-lhe uma tixotropia definida.

11.3.4. Reologia de misturas para gelados

Em comparação com o leite, a mistura de gelado é muito mais rica em gordura e SNF, embora o seu teor de gordura seja inferior ao da nata. Devido ao seu teor de estabilizantes e à maior concentração de sólidos não gordos, a fase contínua da mistura de gelado é mais viscosa do que o soro da nata (ou do leite). A agregação de glóbulos de gordura na aplicação de cisalhamento, juntamente com as propriedades de diluição de cisalhamento dos hidrocolóides, torna a mistura de gelado fortemente psuedoplástica. Obedece à lei de Wade numa vasta gama de taxas de cisalhamento (de)

11.3.5. Comportamento de fluxo do iogurte

Do ponto de vista reológico, existem dois tipos de iogurte: o iogurte fixo e o iogurte agitado. Enquanto o primeiro é um gel sólido típico, o segundo é, na sua essência, um produto fluido. O iogurte agitado é obtido através de uma rutura estrutural parcial por agitação do produto fixo. Flui como uma pasta fina e psuedoplástica. A viscosidade sensível ao cisalhamento deste produto tixotrópico diminui com o cisalhamento contínuo até que eventualmente um valor constante se aproxima de forma assintomática. Se forem efectuadas medições da taxa de tensão de cisalhamento a partir da taxa de cisalhamento zero, é observado um valor de cedência e o aumento da tensão segue mais ou menos o modelo de Herschel-Bulkley. A natureza tixotrópica do produto, no entanto, faz com que o ciclo inverso mostre uma queda quase linear da tensão para o valor original.

11.3.6. Reologia do queijo

A reologia do queijo compreende o seu comportamento de deformação quando sujeito a tensão ou deformação. Com base no comportamento de tensão/deformação, os materiais podem ser geralmente classificados como sólidos elásticos ideais, líquidos viscosos ideais (newtonianos) ou viscoelásticos. Os queijos, tal como a maioria dos outros alimentos sólidos e semi-sólidos que contêm humidade e sólidos como proteínas, gorduras e/ou hidratos de carbono, apresentam as características de um sólido elástico e de um fluido viscoso, pelo que se enquadram na categoria de viscoelásticos. O comportamento reológico do queijo pode ser medido através de uma série de testes. Alguns testes, por exemplo, a fluência e a reometria de oscilação de baixa tensão, envolvem a aplicação de uma tensão baixa (por exemplo, <0,05) dentro da gama viscoelástica linear, a região onde a tensão na amostra é diretamente proporcional à tensão aplicada e a amostra, como um sólido elástico, recupera totalmente da deformação após a remoção da tensão (pelo menos após curtas escalas de tempo). Os ensaios reológicos de baixa deformação fornecem informações sobre quantidades reológicas intrínsecas fundamentais, tais como o módulo de armazenamento, G', e a conformidade com a deformação elástica. Estes testes são também úteis para caraterizar a viscoelasticidade do queijo, em termos do seu comportamento próximo de um sólido ou de um líquido. Noutros testes, como a compressão de grande deformação, a torção de grande deformação e os testes de corte, o queijo é sujeito a uma grande deformação (por exemplo, >>0,5) fora da gama viscoelástica.

As deformações aplicadas nestes testes simulam mais de perto as aplicadas durante o consumo e as operações comerciais de redução de tamanho, que incluem o porcionamento/corte, a trituração ou a moagem do queijo. A deformação por grandes deformações fornece informações sobre as propriedades de fratura do queijo, incluindo a tensão necessária para a fratura, a tensão na fratura e a tensão necessária para atingir um determinado grau de deformação, como a compressão. A classificação reológica de vários produtos lácteos está representada no Quadro 2.1.

Quadro 2.1 Classificação reológica de vários produtos lácteos

Classificação reológica	Exemplos
Fluidos newtonianos	Leite (até 30% TS), Leite desnatado
Não-Newtoniano	
Independente do tempo	
Diluição por cisalhamento	Concentrado de proteínas, concentrado de leite desnatado, retentado de leite por ultrafiltração, leite condensado, mistura para gelados, natas, etc.
Espessamento por cisalhamento	Leite condensado envelhecido
Dependente do tempo	
Tixotrópico	Iogurte, Srikhand, etc.
Reopéctico	Nenhum produto lácteo comunicado até à data
Viscoelástico	Queijo, etc.

III. Propriedades reológicas de produtos lácteos seleccionados

III.1. Introdução

III.1.1. Produtos lácteos

O leite é transformado para fins de conservação e posterior comercialização sob diversas formas. Os produtos lácteos incluem um grupo diversificado de alimentos feitos a partir do leite, incluindo leite concentrado, natas, manteiga, gelados, iogurte e leites fermentados, queijo e leite em pó, que são os mais conhecidos comercialmente, e outros subprodutos menos comercializáveis. Estes produtos são muito importantes do ponto de vista nutricional, tecnológico e económico. Da produção total de leite nos EUA (8.894 x 1010 lb) em 1990, aproximadamente 60% foi utilizado para produzir queijo, creme, manteiga, sorvete e sobremesas congeladas, e leite evaporado, concentrado e seco; o restante da produção foi consumido em formas fluidas[192].

A produção mundial de leite tem aumentado regularmente entre 1 e 1,5% desde 1980 e continuará provavelmente a crescer a um ritmo semelhante[122]. A utilização da oferta mundial de leite reflecte as tendências de cada país. Em 1989, cerca de 30% foi utilizado para produzir produtos lácteos líquidos e 30% foi utilizado na produção de vários tipos de queijo[173]. O resto da produção mundial foi transformado no fabrico de outros produtos lácteos[173].

III.1.2. Importância das propriedades reológicas

A reologia é uma ciência relacionada com o fluxo de fluidos e a deformação da matéria. [64, 115,133] A compreensão dos comportamentos reológicos dos alimentos é importante nas seguintes etapas durante o fabrico:

1. Controlo de qualidade dos ingredientes e dos produtos acabados
2. Conceção e avaliação de equipamentos de processo e de operações unitárias
3. Caracterização e desenvolvimento de produtos alimentares com vista à sua aceitação pelo consumidor
4. Elucidação da estrutura e relação entre estrutura e propriedades texturais [23,60,95,140,144,169,182]

Normalmente, o leite fluido e a nata são considerados exemplos de líquidos, e o queijo duro é um exemplo de sólido, mas o leite concentrado, o iogurte, a manteiga, o gelado e vários tipos de queijo podem apresentar um comportamento intermédio identificado como viscoelástico. [44, 132, 171]

Para além das considerações reológicas, as estruturas dos produtos lácteos estão intimamente associadas à textura, que é reconhecida como um dos principais atributos de qualidade[37]. A perceção da textura está relacionada com o arranjo, a disposição e as interacções entre as partículas de um determinado produto alimentar no momento em que este é exposto a uma determinada tensão ou deformação[61].

111.2. Natureza do leite

111.2.1. Leite

Embora o leite tenha a aparência de um líquido simples, a sua estrutura é muito complexa e nem sequer é totalmente conhecida[54]. É necessário conhecer as características físico-químicas deste fluido biológico para compreender melhor as alterações que ocorrem durante o processamento e as propriedades dos produtos lácteos intermédios e acabados[72].

Quimicamente, o leite é um material complexo integrado por várias centenas de constituintes, [72,133] muitos dos quais têm um significado especial, embora alguns estejam presentes em baixas concentrações. De um modo geral, os componentes do leite são classificados em sete grupos: proteínas, lípidos, hidratos de carbono, minerais, pigmentos e vitaminas, enzimas e compostos diversos[72]. Do ponto de vista físico-químico, o leite é uma solução complexa de sais, lactose e outros componentes orgânicos menores hidrofílicos, onde as proteínas do soro, as micelas corpusculares de caseína e os glóbulos de gordura estão dispersos[72, 86]. [72, 86] O estado físico da fase dispersa representa duas formas coloidais separadas: uma suspensão e uma emulsão. Este sistema coloidal duplo fornece ao leite estruturas de produto mais divergentes do que a maioria dos outros ingredientes alimentares[54]. Os constituintes do leite que interagem de várias formas conduzem a diferentes microestruturas e, consequentemente, desenvolvem propriedades e estruturas particulares, dependendo do processo de fabrico aplicado para elaborar cada produto lácteo[86].

Existem correlações entre a microestrutura e as propriedades físicas dos produtos lácteos. A microestrutura, por sua vez, controla propriedades físicas como viscosidade, elasticidade, textura, suscetibilidade à sinérese, firmeza, espalhabilidade, entre outras. Embora exista uma extensa literatura sobre as características dos produtos lácteos, apenas alguns trabalhos tentam correlacionar a estrutura e as propriedades reológicas.

111.2.2. Componentes do leite

As proteínas e os lípidos são os componentes mais importantes do leite porque as suas modificações físico-químicas afectam a estrutura e o comportamento geral dos produtos lácteos[86]. A lactose, por exemplo, apenas afecta a estrutura de alguns produtos lácteos[83]. As proteínas do leite têm a capacidade de formar um gel que consiste numa matriz proteica com a caseína como principal elemento estrutural. Esta matriz pode conter componentes adicionais, tais como proteínas do soro de leite, glóbulos de gordura, bactérias do ácido lático e outros ingredientes.

A capacidade de imobilizar o soro do leite ou o soro de leite numa fase líquida é uma das características mais importantes da matriz do gel[86-88]. A caseína é uma das principais proteínas do leite, presente sob a forma de partículas globulares denominadas micelas, com 100 a 300 nm de diâmetro e aparentemente compostas por submicelas com diâmetros de 10 a 20 nm, unidas por fosfato de cálcio[87].

Foram propostos vários modelos estruturais para as micelas de caseína e, nalguns casos, foram atribuídas posições específicas aos componentes individuais, como as caseínas "si-, *ft-* e K". As moléculas intactas de K-caseína e a presença de fosfato de cálcio são geralmente reconhecidas como essenciais para a integridade das micelas de caseína. No leite fresco, as micelas têm superfícies lisas, enquanto que no leite aquecido acima de 85°C durante mais de 10 minutos, o complexo insolúvel formado pela interação da pMactoglobulina com a K-caseína confere uma topografia irregular à superfície da micela de caseína[86].

A gordura está presente no leite, formando glóbulos de gordura de 0,5 a 10 p.m. de diâmetro. Os glóbulos de gordura estão envoltos em membranas lipoprotéicas ou membranas de glóbulos "secundários", que são as membranas das células secretoras da glândula mamária, fisicamente modificadas pela ordenha. A membrana original é fragmentada e se desprende durante a passagem do glóbulo de gordura da célula secretora para o alvéolo secretor e para o leite expresso; este processo deixa uma única membrana densa ou secundária ao redor do glóbulo de gordura. Por conseguinte, a microestrutura das membranas dos glóbulos de gordura e a sua estabilidade variam e dependem do tempo decorrido após o glóbulo de gordura ser segregado da glândula mamária[86].

A lactose é o hidrato de carbono caraterístico do leite. É um dissacarídeo que ocorre naturalmente em duas formas cristalinas, a-monohidrato e P anidro, ou como uma mistura amorfa de a- e P-lactose[79]. A molécula de lactose não é esférica, e sua contribuição para conferir viscosidade ao leite não é significativa[133]. [133] Algumas propriedades físicas e químicas da lactose são muito importantes no processo de fabrico de produtos lácteos. Por outro lado, a sua lenta solubilidade e facilidade de cristalização podem ser uma desvantagem no fabrico de gelados quando a mistura é arrefecida a uma temperatura baixa. A concentração de lactose no leite condensado é fundamental para proteger a textura deste produto lácteo.

Além disso, a vulnerabilidade da lactose na reação de escurecimento de Maillard é um problema no fabrico e armazenamento de leite desidratado e soro de leite em pó desidratado[83].

A água é o constituinte mais abundante do leite e desempenha um papel

fundamental durante o fabrico de alimentos lácteos. A presença de água torna-se relevante através de interacções hidrofílicas e/ou hidrofóbicas com os outros componentes do leite.
Os componentes secundários, tais como enzimas, gases, minerais, vitaminas, agentes espessantes, acidulantes e microrganismos, adicionados ou desenvolvidos durante o fabrico podem promover interacções com os componentes principais[54, 88].

111.2.3. Estrutura alimentar e produtos lácteos

Os produtos lácteos tradicionais, como as natas, a manteiga e o queijo, são bastante comuns em todo o mundo e as suas composições são basicamente as mesmas de um país para outro[25]. Os produtos lácteos baseiam-se em (1) proteínas do leite, como o leite magro evaporado, o iogurte, o queijo cottage e o soro de leite em pó desidratado, (2) gordura do leite, como as natas, a manteiga e o gelado, ou (3) uma combinação de proteínas e gorduras do leite[85].
Produtos como o iogurte e a maioria dos queijos são caracterizados por uma matriz proteica rígida, e se a gordura estiver presente, ela é dispersa nessa matriz. Por outro lado, os produtos lácteos à base de gordura não têm uma matriz proteica rígida. Apresentam-se sob a forma de emulsões, quer do tipo óleo em água, como a nata, quer do tipo água em óleo, como a manteiga, e se a proteína estiver presente, está dispersa na fase aquosa do produto[87]. Durante o fabrico, os componentes do leite interagem de várias formas que conduzem a diferentes microestruturas e propriedades específicas.

111.3. Produtos lácteos à base de proteínas

As micelas de caseína são um dos componentes mais importantes do leite que tornam possível a formulação de uma variedade de produtos com características muito diferentes, desde líquidos, como o leite evaporado, e semilíquidos, como o iogurte, a semissólidos, como o queijo.[87] A capacidade das micelas de caseína para interagir com as proteínas do soro de leite e agregar-se e hidrolisar-se sob os efeitos de pH baixo, calor e presença de enzimas proteolíticas, é a propriedade mais importante do leite para o fabrico de produtos lácteos.[84]
No leite fresco e no leite desnatado evaporado, o aquecimento provoca a desnaturação das proteínas do soro e uma interação entre a P-lactoglobulina e a K-caseína da micela de caseína através de ligações dissulfureto. Os géis de leite induzidos pelo calor estão intimamente relacionados, em termos de microestrutura, com o leite evaporado gelificado durante o armazenamento. Os géis feitos pelo aquecimento de uma suspensão de leite em pó desnatado em água a 100°C têm uma rede tridimensional de micelas de caseína ligadas por fibras finas e curtas[83].
O iogurte feito de leite aquecido é mais firme e mais resistente à sinérese, e a

sua microestrutura é mais fina do que a do iogurte feito de leite não aquecido. A fase líquida é imobilizada nos espaços intersticiais na rede de proteínas, cujas dimensões dependem da concentração de caseína no leite de iogurte; quanto maior a concentração de proteína, menores os espaços intersticiais[83, 87].

No caso do queijo cottage, embora a sua microestrutura seja semelhante à do iogurte, as micelas de caseína que formam as cadeias e os aglomerados da rede do queijo estão fundidas mais firmemente do que no iogurte. A rede deste queijo é mais densa como consequência do encolhimento do gel durante a cozedura. Durante o fabrico do queijo, a coalhada desenvolvida pelo encadeamento e aglomeração das micelas de caseína forma gradualmente uma rede tridimensional; os glóbulos de gordura retêm as suas membranas e podem ser identificados como entidades individuais ou como aglomerados intercalados na matriz proteica.[66,69] As alterações nos tratamentos térmicos do leite, as variações nos tratamentos mecânicos da coalhada, a utilização de microrganismos na maturação do queijo e as diferentes condições ambientais durante o envelhecimento resultam na geração de uma grande variedade de queijos nos quais as proteínas, a gordura e outros constituintes interagem de diferentes formas[86, 87].

O leite seco por pulverização apresenta partículas que podem ter uma estrutura de superfície muito diferente.22 As partículas obtidas por secagem por pulverização são maioritariamente esféricas e contêm vacúolos com ar ocluído, conferindo um aspeto poroso ao pó. A lactose presente nas partículas está numa forma amorfa[42].

As partículas de leite gordo desidratado por pulverização têm diâmetros que variam entre 5 e 150 mm; os glóbulos de gordura e os vacúolos estão dispersos numa fase contínua que consiste provavelmente em lactose amorfa[40].

111.3.1. Produtos lácteos à base de gordura

No leite fresco, os glóbulos de gordura sobem rapidamente à superfície (devido à sua baixa densidade) e formam uma camada de nata. Para evitar essa separação, o leite é homogeneizado. A superfície de gordura formada é rapidamente revestida com material tensoactivo, caseína e proteínas de soro não desnaturadas, que contribuem significativamente para a estabilidade da emulsão[85].

Na nata, por exemplo, os glóbulos de gordura estão dispersos numa concentração elevada e são afectados por qualquer alteração; por exemplo, a batida incorpora um grande volume de ar na nata e produz uma espuma rica em gordura[170].

O gelado é formulado como um sistema complexo de soluções de açúcar e sal, soluções coloidais e suspensões formadas por proteínas e estabilizadores, e emulsões de gordura e emulsionantes para manter a sua forma porosa durante a congelação e o armazenamento a baixa temperatura[191].

Ao contrário de outros queijos, no queijo creme não existe uma matriz rígida como resultado da agitação e homogeneização; a ausência de uma matriz torna este queijo espalhável[84].

A manteiga difere dos produtos lácteos à base de gordura anteriores porque é uma emulsão de água-em-óleo em que as gotículas de água com um diâmetro inferior a 10 nm formam uma dispersão muito fina na gordura láctea semi-sólida[85].

Estas características particulares do leite e dos seus componentes estão na origem de uma grande diversidade de produtos lácteos; cada processo de fabrico e qualquer variante do mesmo provocará efeitos diferentes nos produtos lácteos. Embora existam estudos que relacionam as medidas reológicas com alterações estruturais, tais como a desnaturação de proteínas no leite, a gelificação no leite evaporado, o espessamento da idade no leite condensado, a cristalização da gordura na nata, na manteiga e no gelado, as propriedades de emulsão em misturas de gelado e a formação de redes de proteínas

O interesse do iogurte em encontrar correlações entre a estrutura dos alimentos e as propriedades reológicas dos produtos alimentares continua a aumentar todos os dias.

111.4. Reologia e modelos reológicos

111.4.1. Deformação e tensão

Em reologia, a deformação e a tensão são duas variáveis físicas relevantes que têm de ser consideradas quando um material se deforma em resposta a forças aplicadas. A deformação representa uma alteração no comprimento relativamente à dimensão original. Este parâmetro é essencialmente uma deslocação relativa, e existem muitas definições associadas a este conceito. Por exemplo, a deformação de engenharia é expressa pela seguinte equação:[133, 176, 178]

$$\varepsilon_c = \frac{\Delta L}{L_0} = \frac{L - L_0}{L_0} \qquad (3.1)$$

em que ε_c é a tensão de engenharia (também designada por tensão de Cauchy), AL é a variação do comprimento, *L* é o comprimento final após a deformação do material e L_0 é o comprimento original antes da deformação.

Esta definição é expressa em termos de um cisalhamento simples. A deformação é determinada por gradientes de deslocamento e a taxa de deformação por gradientes de velocidade.

A deformação e a tensão são quantidades tensoriais e são representadas por nove componentes.[31, 49] A tensão que relaciona a magnitude da força sobre a superfície de aplicação pode ser compressiva, de tração ou de corte, dependendo da forma como a força é aplicada. São necessárias nove componentes separadas para descrever adequadamente o estado de tensão num material.[49, 176, 200] A tensão em qualquer ponto de um corpo pode ser representada pela seguinte matriz:

$$\tau_{ij} = \begin{bmatrix} \tau_{11} & \tau_{12} & \tau_{13} \\ \tau_{21} & \tau_{22} & \tau_{23} \\ \tau_{31} & \tau_{32} & \tau_{33} \end{bmatrix} \qquad (3.2)$$

onde τ_{ij} é o tensor de tensão, o primeiro subscrito indica a orientação da face sobre a qual a força actua e o segundo refere-se à direção da força.

Esta matriz pode ser simplificada, dependendo de cada sistema físico específico. Por exemplo, num fluxo de cisalhamento simples e constante, também conhecido como fluxo viscoso, a matriz é reduzida a apenas cinco componentes[49, 176].

A relação entre qualquer material alimentar, a tensão aplicada e a deformação resultante define as propriedades reológicas do material. Estas relações podem ser expressas empiricamente ou em termos de uma equação reológica de estado[49].

A Figura 3.1 ilustra a correspondência entre as forças físicas e as deformações, bem como as relações funcionais entre a tensão e a deformação.

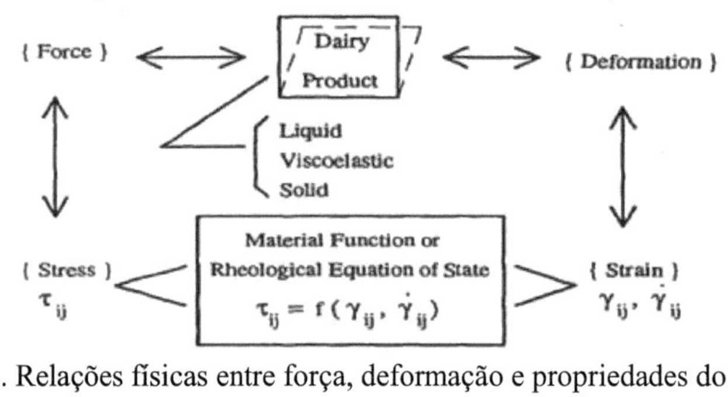

Figura 1. Relações físicas entre força, deformação e propriedades do material.

111.4.2. Classificação dos materiais

Uma abordagem particular na qual o comportamento reológico de um material é analisado numa deformação simplificada é chamada de cisalhamento simples ou deformação uniaxial. Esta abordagem é a base de muitas técnicas de medição reológica e permite a análise de muitos materiais alimentares[49,95]. De acordo com Darby [49], os materiais podem ser classificados teologicamente em relação ao seu comportamento de tensão de cisalhamento em cisalhamento simples como sólidos, líquidos ou viscoelásticos. Esta classificação global é apresentada na Figura 3.2. Os comportamentos fluido, sólido e viscoelástico foram observados em produtos lácteos. O leite e o leite evaporado se comportam como fluidos newtonianos, mas o leite concentrado se comporta como um fluido não-newtoniano. A nata e o iogurte também são fluidos não newtonianos. Os géis de soro de leite e alguns tipos de queijo foram caracterizados como sólidos com comportamento elástico. Outros produtos lácteos, tais como natas batidas, iogurte, gelado e queijo, foram caracterizados pela sua natureza viscoelástica.

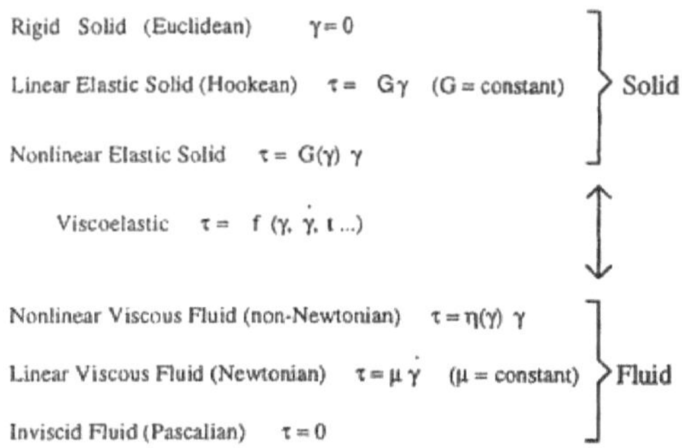

Figura 3.2. Classificação dos materiais em deformação de cisalhamento simples[31].

III.4.3. Sólidos e líquidos

Quando uma força é aplicada a um material sólido, a resposta pode ser uma linha reta entre a tensão e a deformação resultantes, como é caraterístico dos sólidos Hookeanos ou elásticos. A relação básica conhecida como lei de Hooke relaciona as duas variáveis acima mencionadas[176].

$$E = \frac{\tau}{\dot{\gamma}} \qquad (3.3)$$

em que E é o módulo de elasticidade, τ é a tensão e y é a deformação.

Um material representado pelo modelo de Hooke não flui e é linearmente elástico. Este modelo tem sido utilizado para descrever o comportamento de alguns alimentos, tais como géis alimentares sujeitos a grandes deformações, massas secas, cascas de ovos e rebuçados sujeitos a deformações inferiores a 0,01[143, 176].

Por outro lado, uma função material para substâncias líquidas relaciona a tensão de cisalhamento e a taxa de deformação numa relação útil conhecida como modelo de Newton. Esta equação expressa o conceito de viscosidade [49, 176, 199] da seguinte forma:

$$\eta = \frac{\tau}{\dot{\gamma}} \quad (3.4)$$

em que T) é a viscosidade dinâmica, o coeficiente de viscosidade ou simplesmente a viscosidade, *m* é a tensão de corte e $\dot{\gamma}$ é a taxa de deformação de corte.

Os fluidos que obedecem à relação de Newton são identificados como fluidos newtonianos, enquanto os materiais fluidos que não seguem esta relação linear são conhecidos como fluidos não newtonianos[140, 176].

É conveniente representar o comportamento do fluxo de líquidos por meio de curvas de fluxo ou reogramas, ou seja, gráficos de tensão de cisalhamento ou viscosidade contra a taxa de cisalhamento. A Figura 3.3 representa os diferentes tipos de comportamento reológico expressos pelos alimentos líquidos [23, 95, 176, 199].

Os diferentes tipos de comportamento do fluxo podem ser ajustados por meio de modelos matemáticos que têm sido amplamente utilizados na caraterização reológica de materiais alimentares. Os modelos mais frequentemente utilizados na caraterização de alimentos são expressos pelas Equações 3.5 a 3.8.[23, 139, 176, 199]

Modelo de Newton	$\tau = \eta\dot{\gamma}$ (3.5)
Modelo de lei de potência	$\tau = b(\dot{\gamma})^n$ (3.6)
Modelo Bingham	$\tau = \tau_0 + \eta_B\dot{\gamma}$ (3.7)
Modelo de Herschel-Bulkley	$\tau = \tau_0 + b(\dot{\gamma})^n$ (3.8)

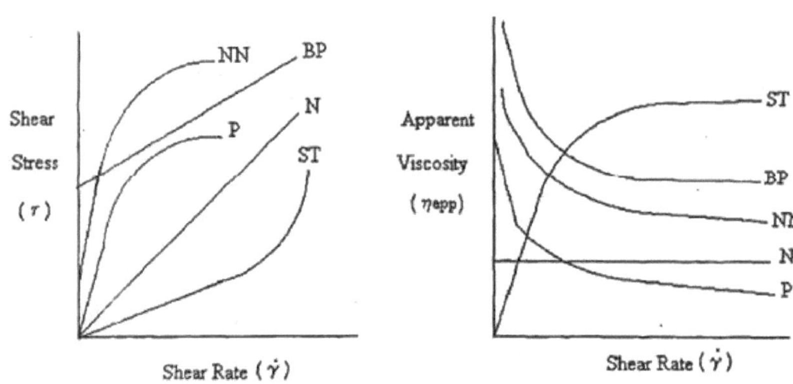

Figura 3.3. Curvas de fluxo correspondentes a diferentes tipos de comportamento líquido. BP, plástico de Bingham; N, fluido newtoniano; NN, fluidos não-newtonianos; P, pseudoplástico ou afinamento por cisalhamento; ST, espessamento por cisalhamento ou comportamento dilatante.

onde:

y - Taxa de deformação de cisalhamento = dy/dt ou taxa de cisalhamento, T- tensão de cisalhamento, t- tempo, *y*- viscosidade, b- índice de consistência, n- índice de comportamento de fluxo, T_0 - tensão de escoamento e YJ_p - viscosidade plástica.

Muitos outros modelos foram propostos para diferentes materiais fluidos que podem ser mais complexos ou mais específicos e, consequentemente, são utilizados para produtos particulares[176, 199].

Além disso, se o tempo for considerado como outra variável, os fluidos podem apresentar um comportamento tixotrópico ou reopéctico. A tixotropia refere-se a uma diminuição reversível da viscosidade aparente com o tempo a uma taxa de cisalhamento constante. Isto é geralmente devido a uma mudança reversível na estrutura do material com o tempo sob cisalhamento,[23] com uma viscosidade limite sendo finalmente alcançada. A reopexia é, na sua essência, o oposto da tixotropia, ou seja, representa um aumento da viscosidade aparente com o tempo a uma taxa de cisalhamento constante[176].

Muitos modelos foram desenvolvidos para modelar o comportamento tixotrópico e reopéctico. O modelo expresso pela Equação 3.9 é uma modificação proposta por Mason et al. em 1987 para outro modelo previamente estabelecido[23, 95].

$$= b(f)'' [1 + (i_o\, t(y) - 1) \ldots] \quad (3.9)$$

em que *Trz* é a tensão de cisalhamento, *b* e *n* são os parâmetros da lei de potência, *bo* e *bt* são constantes para este modelo, t é o tempo e , é uma constante de tempo.

Muitos autores [23,63,78,95,96,115,132,133,139,142,144,166,175] analisaram e discutiram as propriedades reológicas relacionadas com o fluxo e a deformação de materiais alimentares, onde podem ser encontradas informações mais específicas. Por vezes, o comportamento reológico dos alimentos depende das condições experimentais; por exemplo, o leite evaporado foi caracterizado como Newtoniano por Fernandez-Martin,4 Bloore e Boag,[34] e Wayne e Shoemaker, [198] e como um fluido não-Newtoniano por Randhahn,[137] e Schmidt et al.,[158] e durante o seu escoamento mostrou um comportamento tixotrópico [80] (Tabela 3.1). Também o leite condensado foi caracterizado como não-Newtoniano por Alvarez De Felipe et al.,[19] como fluido tixotrópico por Higgs e Norrington,[75] e como material viscoelástico por Patil e Patel [108] (Tabela 3.2). O mesmo material pode até desenvolver comportamentos de escoamento diferentes, dependendo da gama de taxas de cisalhamento aplicada. Esta resposta irregular ao escoamento é identificada como viscosidade estrutural por Darby [49].

Tabela 3.1. Caracterização reológica e modelação para leite condensado evaporado e adoçado

Experimental	Equations used or proposed[a]	Important remarks/classification[b]	Ref.
Evaporated Milk			
Relationship among viscosity and gel formation of concentrated milk		Fresh concentrated milk was dilatant Newtonian behavior, followed by pseudoplasticity, and finally plasticity were observed as a function of the gelation process Plasticity increased with increasing preheat treatment ES	139
Effect of solid content (0–30%) and temperature on viscosity of milk Rolling-ball Höppler viscometer	$\eta = b_0 + b_1X + b_2X^2$ $\log\eta = A_0 + A_1t + A_2t^2 + (B_0 + B_1t + B_2t^2)S + (C_0 + C_1t + C_2t^2)S^2$	All concentrates were Newtonian fluids A nomogram was constructed for rapid estimation of milk viscosity PC	62
Flow properties of concentrated milk affected by total solids content Rotational rheometers	$\tau = k\dot{\gamma}^n$ $\dot{\gamma} = C_2 \sinh(\tau/A_2)$ $\tau = A\dot{\gamma}/(B + \dot{\gamma}) + \eta_\infty\dot{\gamma}$	Non-Newtonian behavior below 40°C was strongly influenced by shear rate Concentrates exhibited 48% thixotropy Flow properties of milk were affected by the mean size of fat globules PC/ES	137
Effect of concentration (5–40%) in two types of skim milk Cannon-Fenske tube viscometers	$\log\log(\nu + 0.8) = m'[\%TS] + b$	Age thickening occurred at 44°C in all samples containing more than 40% solids due to denaturation of milk proteins Reconstituted milk was Newtonian PC/QC	39
Effect of heat treatment and solid content (15–18%) on milk characteristics Brookfield LVF viscometer	$\eta_{app} = K\dot{\gamma}^{n-1}$	At 4°C, all milks exhibited non-Newtonian behavior of a pseudoplastic type Heat treatments did not have a significant effect on the flow behavior index TS/PC	158
Process variables for skim milk concentrates Rotating bob Contraves viscometer	$\ln\mu = A_0 + A_1TS + A_2TSTc - A_3Tc + A_4Tc^2$ $\ln\mu = B_0 + B_1tp + B_2Tp + B_3TS - B_4Tc + B_5tpTp + B_6TpTc$	The viscosity of concentrates was related to the total solids, temperature, protein content, and holding time PC	34
Effect of solid concentration and temperature on rheological behavior of milk	$K = K_0 \exp(K_1T)$	Concentrates showed thixotropy, characterized by two models PC	80

Rheological characterization of skim milk concentrates Weissenberg rotational rheometer	$\eta = m + (b/\gamma)$	Newtonian behavior over a concentration range of 15.5 to 20.2% of solids Slight thinning nature PC	
Viscosity measured between 45 and 65% of solids and temperatures of 40 to 65°C Brookfield viscometer	$n = -A_1X + A_2$ $b = B_1 \exp(C_2/T)1.25^X$	All samples were non-Newtonian Flow behavior index was independent of temperature PC	146
Sweetened Condensed Milk (SCM) Flow properties of fresh and stored commercial SCM Concentric-cylinder Ferranti viscometer		Fresh material showed a very slight divergence from Newtonian behavior During age thickening, SCM showed thixotropy, due to aggregation of casein micelles, and network formation ES/QC	153
Rheological properties of SCM Haake Rotovisco viscometer	$B = (\mu_1 - \mu_2)/\ln(t_2/t_1)$ $M = (\mu_1 - \mu_2)/\ln(N_2/N_1)$	Thixotropic coefficients decreased as the temperature rose Three methods of evaluation did not show appreciable yield stress TS/QC	75
Effect of processing on SCM viscosity Brookfield LVF viscometer	$\eta_{56d-30C} = 11.3 + 0.58\eta_{7d-40C}$	Processing notably affected the viscosity The rate of thickening was much more rapid at 40 than at 30°C PC/QC	116
Evolution of two commercial SCM during storage time (5 months) Rotovisco viscometer	$\tau = A - B\log t$ $\log(\tau - \tau_e) = p - at$	Both samples showed thixotropic behavior that was enhanced by storage time ES/PC	81
Commercial brands of SCM affected by structural changes during storage (45 d) Concentric-cylinder Rheomat-15 viscometer	$\tau = \tau_0 + KD^n$	Two of the three brands showed non-Newtonian behavior Fluid consistency coefficient increased during storage time Micellar aggregation and association of casein micelles with fat globules increased during storage time ES/QC	19
Consistency of SCM as a function of storage time at 35°C	$E_{(t)} = E_{d1}e^{-t/T_1} + E_{d2}e^{-t/T_2} + \ldots + E_{dn}e^{-t/T_n}$	Initial deformation modulus and normal viscosity increased exponentially during storage time for up to 30 d PC	126

Table 3.1. continued

Rheological Characterization and Modeling for Evaporated and Sweetened Condensed Milk

- [a] The meaning of every symbol is defined in the nomenclature section.
- [b] This classification is made considering the primary objective(s) established for each study.
  ES, elucidation of structure; PC, process characterization or design; QC, quality control; TS, textural studies.

Nomenclature:

η	Apparent viscosity (cP)	n	Flow behavior index (dimensionless)
$X-S$	Total solids (%)	X	Concentration of milk (%)
b_0, b_1, b_2	Constants	b	Consistency coefficient (Pa · s^n)
A_0, A_1, A_2	Constants	T	Absolute temperature (°K)
B_0, B_1, B_2	Constants	A_1, A_2, B_1, C_2	Constants
C_0, C_1, C_2	Constants		
t	Temperature (°C)		
γ	Shear strain	B	Coefficient of breakdown with time (cP)
τ	Shear stress (dyn/cm²)	μ_1, μ_2	Viscosities of two down curves (cP)
η_∞	Viscosity at infinite shear rate (dyn · s/cm²)	t_1, t_2	Times corresponding to μ_1, μ_2 (s)
k, n	Constants of the Ostwald De Waele model	M	Coefficient of breakdown with shear rate (cP)
A_3, C_7	Constants of the Prandll-Eyring-Geselz model	N_1, N_2	rpm corresponding to two down curves
A, B	Constants of the Williamson model		
v	Kinematic viscosity (cSt)	$\eta_{56d\,30C}$	Viscosity after 56 d at 30°C (P)
TS	Solid concentration (% w/v)	$\eta_{7d\,40C}$	Viscosity after 7 d at 40°C (P)
m', b	Constants		
		τ	Shear stress (Pa)
η_{app}	Apparent viscosity (P)	t	Time (s)
K	Consistency index (dyn · s^n/cm²)	A, R	Constants of Weltman model
n	Flow behavior index (dimensionless)	τ_e	Shear stress at equilibrium (Pa)
μ	Viscosity (cP)	p, a	Constants of Hahn model
TS	Total solids (%)		
Tc	Temperature of the sample (°C)	τ	Shear stress (Pa)
A_0, A_1, A_2, A_3, A_4	Constants	D	Shear rate (s^{-1})
tp	Preheat time (s)	τ_0, K, n	Constants of Herschel-Bulkley model
Tp	Preheat temperature (°C)		
$B_0, B_1, B_2, B_3, B_4, B_5, B_6$	Constants	E_0	Relaxation modulus (Pa)
		E_d	Decay modulus (Pa)
K	Consistency index (Pa · s^n)	t	Time (s)
K_0, K_1	Constants	T	Relaxation time (s)
T	Absolute temperature (°K)		
$\dot{\gamma}$	Shear rate (s^{-1})		
η	Apparent viscosity (mPa · s)		
m, b	Constants		

As medições reológicas para determinar as propriedades de fluxo dos materiais alimentares têm sido efectuadas em condições de fluxo laminar, incluindo várias disposições geométricas.[23,31, 176] As geometrias mais frequentemente utilizadas são o fluxo axial num capilar ou tubo, o fluxo rotacional entre geometrias concêntricas ou de Couette, o fluxo rotacional entre um cone e uma placa e o fluxo torsional (também rotacional) entre placas paralelas.[95,108,176] Embora os viscosímetros capilares e tubulares apresentem várias vantagens, tais como a simplicidade, o controlo termostático, taxas de cisalhamento relativamente elevadas e um custo muito baixo, não são capazes de medir a dependência do tempo de fluidos não newtonianos ou propriedades viscoelásticas; por conseguinte, os reómetros rotacionais são utilizados principalmente para caraterizar o comportamento reológico dos produtos lácteos. Estão disponíveis comercialmente vários reómetros rotacionais, com diferentes graus de versatilidade.

Os pormenores sobre o desempenho e as características específicas dos reómetros podem ser encontrados noutros locais. [Independentemente do tipo, todos eles quantificam dois parâmetros básicos: a tensão de corte e a taxa de corte. Algumas das equações utilizadas para calcular as tensões de cisalhamento e as taxas de cisalhamento para as quatro geometrias mencionadas estão incluídas na Figura 3.4.

III.4.4. Viscoelasticidade

Muitos alimentos não-Newtonianos exibem propriedades viscosas e elásticas, comportamento que é conhecido como viscoelasticidade. As propriedades de um material viscoelástico podem ser avaliadas utilizando métodos viscosimétricos[140,143,144].

Um material viscoelástico pode apresentar um comportamento linear ou não linear. Um material viscoelástico linear tem propriedades que dependem apenas do tempo e não da magnitude da tensão que é aplicada ao material. Os materiais viscoelásticos não lineares apresentam propriedades mecânicas que são uma função do tempo e da magnitude da tensão utilizada[143].

Para expressar a viscoelasticidade de um material alimentar linear, têm sido utilizados modelos mecânicos que incorporam dois elementos básicos: a mola elástica, que representa a natureza elástica instantânea, e o dashpot, que expressa o escoamento viscoso puro. Estes dois elementos, quando em série, constituem um corpo de Maxwell, e quando em paralelo, um corpo de Kelvin-Voigt[115,140,142,175].

Os parâmetros de viscoelasticidade são representados por equações matemáticas em que o módulo correspondente é expresso em função do tempo.[144] Segundo Steffe,[175] para elucidar o comportamento viscoelástico, existem várias abordagens que podem ser divididas em duas grandes categorias: métodos estáticos ou quasiestáticos e métodos dinâmicos.

No método estático, as curvas resultantes dependerão do efeito combinado dos componentes elásticos e viscosos do material alimentar que está a ser testado.[108,144,175] Os dados obtidos com testes estáticos são expressos em termos de conformidade de fluência e do módulo de relaxamento de tensão, que são mostrados nas Equações 3.10 e 3.11, respetivamente.[143,175,199]

$$J = f(t) = \frac{\dot{\gamma}}{\tau_{constant}} \quad (3.10)$$

$$G = f(t) = \frac{\tau}{\dot{\gamma}_{constant}} \quad (3.11)$$

em que *y* é a deformação, *m* é a tensão, J é a conformidade de deformação e *G* é o módulo de relaxação de tensão. Nos ensaios dinâmicos, as amostras são sujeitas a um movimento oscilatório ou a uma deformação que varia harmonicamente com o tempo. A deformação ou tensão aplicada à amostra é tipicamente sinusoidal e, em geral, a resposta da tensão ou deformação depende tanto da frequência de cisalhamento como da taxa de deformação de cisalhamento. Com este tipo de ensaio, existem várias propriedades importantes do material, tais como a viscosidade dinâmica, a viscosidade complexa, o módulo complexo, o módulo de armazenamento e o módulo de perda, que estão relacionados através das Equações 3.12 a 3.20.[175]

$$\dot{\gamma} = \dot{\gamma}_0 \sin(wt) \quad (3.12)$$

$$\tau = \tau_0 \sin(wt - \delta) \quad (3.13)$$

$$\tau = G'\dot{\gamma} + \eta'\dot{\gamma} \quad (3.14)$$

$$G' = (\tau_o/\dot{\gamma}_0)\cos\delta \quad (3.15)$$

$$\eta' = G''/w \quad (3.16)$$

$$G'' = (\tau \quad /\dot{\gamma}_0)\sin\delta \quad (3.17)$$

$$G * \tau_0/\dot{\gamma}_0 = [(G')^2 + (G'')^2]^{1/2} \quad (3.18)$$

$$\eta * G^*/w = [(\eta')^2 + (\eta'')^2]^{1/2} \quad (3.19)$$

$$\eta'' = G'/w \quad (3.20)$$

em que: $\dot{\gamma}$- deformação em função do tempo (t), $\dot{\gamma}_0$- amplitude da deformação, ω- frequência de oscilação, τ_0- amplitude da tensão de corte, δ- ângulo de fase, $G'\dot{\gamma}$- natureza elástica da substância, $\eta'\dot{\gamma}$- natureza viscosa da substância, G'- módulo de armazenamento (elástico), η'- viscosidade dinâmica, $\tau_0/\dot{\gamma}_0$ - relação de amplitude, G' - módulo de perda (viscoso), G*- módulo complexo, $\eta *$ – viscosidade complexa, η'' – - componente fora de fase da viscosidade complexa.

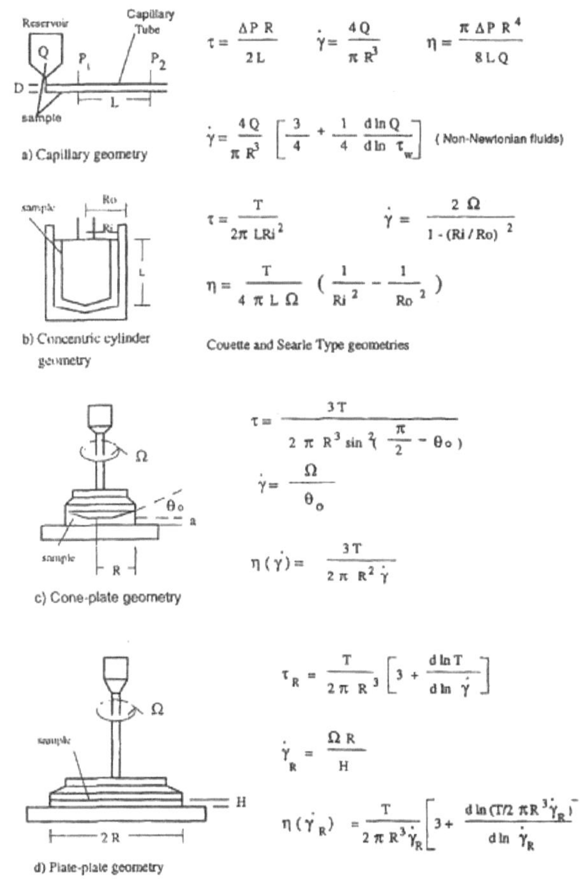

Figura 3.4. Geometrias comuns nos reómetros comerciais e respectivas cquações básicas. AP, perda de pressão = P, - P2; R, raio do capilar ou raio da placa; L, comprimento do capilar; Q, caudal; TW, tensão de corte na parede; T, binário medido; L, comprimento da bobina; R;, raio da bobina; Q, velocidade angular da bobina; Ro> raio do copo; 80, ângulo entre o cone e a placa; Q, velocidade angular do cone; H, separação das placas; *Q,* velocidade angular da placa superior.

Nos sólidos elásticos, a onda de força sinusoidal está em fase com a deformação aplicada, enquanto que num fluido viscoso perfeito, está 90° fora de fase. Para substâncias viscoelásticas, esta onda está de 0 a 90° fora de fase.[23,171] Estes efeitos podem ser observados na Figura 3.5.

Os testes dinâmicos estão a tornar-se um método comum para caraterizar o comportamento viscoelástico dos alimentos. Nos produtos lácteos, esta metodologia tem sido utilizada, por exemplo, para caraterizar as propriedades viscoelásticas dos géis de iogurte por Shoemaker et al.[171] e Vlahopoulou e Bell,[196,197] para acompanhar a quebra da estrutura do iogurte por Ronnegard e Dejmek,[150] e para diferenciar as propriedades reológicas do iogurte feito a partir de dois tipos de leite por Biliaderis et al.[40] (Tabela 3.2).

Apesar de existirem muitos estudos sobre a reologia dos produtos lácteos, é necessário compreender melhor o comportamento do fluxo destes alimentos para responder aos novos desafios da investigação e da indústria. A viscosidade relativa, a consistência, a dureza e a firmeza, entre outros, eram vulgarmente praticados durante as décadas de 1960 e 1970, mas a informação obtida a partir destes testes era limitada devido à falta de suporte teórico. Esta situação tem vindo a alterar-se progressivamente, uma vez que a instrumentação utilizada para os estudos reológicos avançou notavelmente nos últimos 10 anos.

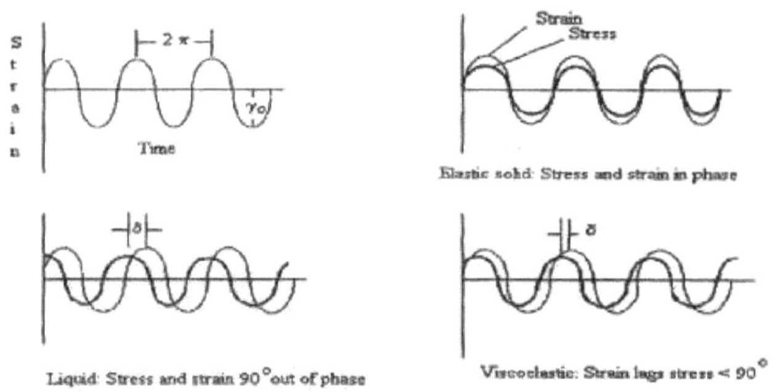

Figura 3.5. Resposta dos alimentos a testes oscilatórios

III.5. Reologia dos produtos lácteos

III.5.1. Leite

Embora o leite gordo seja tipicamente considerado um fluido newtoniano [129,140], no qual as caseínas e os glóbulos de gordura contribuem significativamente para o seu valor de viscosidade de 2,0 a 2,1 x 10"3 Pa - s, [72,133] existem vários trabalhos que o consideram um fluido não newtoniano como consequência das alterações físico-químicas dos constituintes do leite e das condições experimentais utilizadas nas determinações reológicas. [66,179,200]

Table 3.2.

Rheological Studies on Cream

Experimental	Rheological parameters/models[a]	Important remarks/classification[b]	Ref.
Effect of processing on the body of cream Concentric cylinder viscometer	Body cream described in terms of viscosity (P)	Homogenization and pasteurization caused the greatest physical changes Homogenization produced a thicker cream, less resistant to churning, and with a greater tendency to acidity PC	134
Flow characteristics of cream related to fat content (0–50%) and temperature (40–80°C) Couette type viscometer	Flow characteristics expressed as viscosity (cP) Viscosity predicted by: $\log\eta = A(\phi + \phi^{5/3}) + \log\eta_0$	Cream samples showed Newtonian behavior A was related to temperature Development of nomograms for a rapid evaluation of cream viscosity PC	128
Rheological behavior of raw cream Rotational viscometer	Viscoelasticity expressed as viscosity (Pa · s) and shear modulus (Pa)	Viscoelastic behavior modeled by Maxwell body Relaxation time was nearly independent of fat content PC	138
Effect of fat content (0–45%) on the viscosity of cream Analysis and modeling of data reported by other researchers	Consistency evaluated as viscosity (cP): $\eta = \eta_0(1 - 1.25/1 - \varphi/\varphi_{max})^2$ $\varphi = \varphi_f + \varphi_p + \varphi_1$	Experimental conditions explained the differences reported by different authors No aggregations of fat globules were observed on microscopy ES	193
Flow behavior of commercial thickened cream (35% fat) Rheomat 30 rheometer	Thickness expressed as viscosity (Pa · s): $\tau = K\dot{\gamma}^n$ $d\eta/dt = -k(\eta - \eta_e)^2$	Samples exhibited non-Newtonian flow and shear degradation Two samples were modeled by the power law, while the third had a plastic behavior QC	58
Effect of fat content (0.1–30%) and temperature (0–30°C) on viscosity of different types of cream Coaxial Haake-Rotovisco II rheometer	Flow properties represented as viscosity (cP): $\ln\mu = (2721.5/T) + 0.1F - 8.9$	Viscosity varied linearly with fat content and exponentially with temperature The effect of fat content is much greater at low temperatures PC	22

Whipped Cream			
Adaptation of an instrument to measure changes in consistency during whipping process of cream	Consistency determined as torque (g-cm/s) and hardness (dyn/cm²)	Whipping process of cream affected by spindle speed, temperature, and sugar content Hardness curves are less useful than torque curves PC	186
Rheological characterization of commercial whipped cream (45%) Iwamoto coaxial viscometer	Consistency as viscosity (Pa · s) evaluated at different times: $\ln(\eta_r/\eta_0) = K_1 t + C_1 t$ $\ln(\eta_r/\eta_0 - \exp(K_1 t)) = K_2 t + C_2$	Cream exhibited pseudoplastic flow at low shear rates, and changed to Newtonian as the shear rate increased The increasing viscosity with shearing time was expressed by two-stage equations PC	170
Structural and rheological behavior of cream (40% fat) through whipping process Apparatus designed for analysis of whipping process	Viscoelasticity represented as elastic moduli (Pa); consistency as viscosity (Pa · s): $J = 1/G_0 + 1/G_1(1 - \exp[-t/\eta_1 G_1]) + t/\eta_N$	Processing was divided into four stages Shear creep compliance fitted with a Voigt and Maxwell body Rheological parameters increased exponentially during whipping process PC/ES	175
Structural and rheological behavior of whipping cream (40%) Apparatus designed for this purpose	Viscoelasticity represented as elastic moduli (Pa); consistency expressed as viscosity (Pa · s): $J = 1/G_0 + 1/G_1(1 - \exp[-t/\eta_1 G_1]) + t/\eta_N$	Processing was divided into four stages Structural changes related to stages Modeling of whipped cream was as a dispersed system (mixed matrix) PC/ES	119
Evaluation and modeling of the thixotropic behavior of cream Ferranti-Shirley viscometer	Rheological properties expressed by a thixotropic coefficient (Pa) and a coefficient of thixotropic breakdown (Pa · s) $\tau = A - B \ln t$	Rheological determinations were fitted satisfactorily by the Weltman model Both thixotropic parameters correlated with the emulsifier concentration, stabilizer, content, and maturity time QC/PC	145

[a] The meaning of every symbol is defined in the nomenclature section.

[b] This classification is made considering the primary objective(s) established for each study. ES, elucidation of structure; PC, process characterization or desig QC, quality control; TS, textural studies.

Table 3.2.

(continued)

Rheological Studies on Cream

Nomenclature:

η	Viscosity (cP)
A	Rheological parameter
ϕ	Concentration of fat (w/w fraction)
η_o	Viscosity of the separated milk (cP)
θ	Temperature (°C)
η	Viscosity of the cream (cP)
η_o	Viscosity of the skim milk (cP)
φ	Volume fraction of dispersed particles
φ_{max}	Maximum packaging density of the dispersed particles
φ_f	Concentration of fat (w/w fraction)
φ_p	Concentration of protein (w/w fraction)
φ_l	Concentration of lactose (w/w fraction)
$d\eta/dt$	Rate of change in viscosity (Pa)
η	Apparent viscosity (Pa · s)
η_e	Apparent viscosity of equilibrium (Pa · s)
k	Constant
μ	Viscosity (cP)
T	Absolute temperature (°K)
F	Fat content (%)
η_0 and η_t	Cream viscosity at zero and t shearing time (cP)
K_1 and K_2	Rate constants
C_1 and C_2	Constants
J	Creep compliance (Pa)
G_0	Instantaneous elastic modulus (Pa)
G_1	Elastic modulus of the Voigt element (Pa)
t	Time (s)
η_1	Viscosity of Voigt element (Pa · s)
η_N	Newtonian viscosity (Pa · s)
τ	Shear stress (Pa)
A and B	Constants of Weltman model
A	Initial stress to start shearing
B	Speed of structural breakdown
t	Time (s)

As propriedades físico-químicas dos glóbulos de gordura e das proteínas, os mais afectados dos constituintes do leite, podem ser consideravelmente alteradas por vários factores. Os factores mais significativos são o processo térmico e as operações mecânicas que afectam o comportamento reológico do leite.

III.5.1.1. Modelos reológicos

Independentemente do foco de cada estudo, o comportamento reológico do leite tem sido ajustado principalmente por quatro modelos que correspondem a diferentes abordagens. A primeira abordagem é ajustada pela equação de Einstein modificada por Batchelor (Equação 3.21) e usada para o leite de pele por Jeurnink e DeKruif[82].

$$\eta = \eta/\eta_s = 1 + 2.5\phi + k_H\phi^2 \qquad (3.21)$$

A segunda abordagem modelou o comportamento reológico linear do leite por meio da equação de Newton [22,62,198] e o comportamento não-newtoniano por meio da equação da lei de potência [179,198]. A terceira abordagem que expressa o comportamento viscoelástico do leite foi ajustada por um modelo mecânico (Equação 3.22),[180] e outros modelos modificados [111,200] com menos frequência.

$$\varepsilon'' + \frac{E_r}{\eta_1}\varepsilon' = \frac{1}{E_0}\left[(\sigma'') + \left(\frac{E_0}{\eta_1}\right) + \left(\frac{E_r}{\eta_1}\right)\sigma'\right] \qquad (3.22)$$

Esta diversidade de caraterização reológica corrobora a natureza complexa do leite.

Embora os modelos acima mencionados e outros tenham resultado em ajustes apropriados do desempenho reológico do leite fluido (Tabela 3.3), é difícil fazer comparações devido à diversidade de modelos, condições experimentais e equipamentos usados durante a caraterização reológica.

Além disso, alguns autores desenvolveram parâmetros específicos que apenas se aplicam a situações muito particulares, como o índice pseudoplástico lático e o índice de aceleração tixotrópica utilizados por Garcia et al.[66]

III.5.1.2. Efeito das variáveis do processo

A maioria dos trabalhos de investigação publicados discute a influência de três variáveis importantes do processamento alimentar no comportamento reológico do leite: tratamentos térmicos, composição do leite e temperatura da amostra.

Table 3.3.

Rheological Models for Milk

Experimental	Equations used or proposed[a]	Important remarks/classification[b]	Ref.
Commercial milk Apparent viscosities Rolling-ball, Höppler viscometer Temperature range: 0–80°C	$\log\eta = a_0 + a_1T + a_2T^2$ $\tau/\dot{\gamma} = \eta$	Milk was considered a Newtonian fluid Effect of temperature was more noticeable in first half of the studied range PC	62
Whole/skim milk Effect of different heating and cooling treatments Relative viscosity to study structural changes		Heating (≤50°C) had no measurable effect on viscosity; heating at ≥60°C caused an increase in viscosity, inclusive with short times Newtonian fluid ES/PC	70
Summer milks at three fat levels Brookfield Synchro-lectric viscometer and Haake-Rotovisco RV-1 rheometer Power law model	$N = a + bts + ct's + dt''s$	Age thickening was related to resident time, storage temperature, storage time, and fat level Process temperature was not significant Non-Newtonian fluid PC/QC	179
Summer milks at three fat levels Wells-Brookfield Synchro-lectric cone-plate geometry Viscoelastic characterization creep-relaxation test	$\frac{\varepsilon'}{\eta_1}+\frac{E_r\varepsilon'}{E_0}=\frac{1}{\eta_1}\left[\sigma+\frac{(E_0+E_r)}{\eta_1}\sigma'\right]$	A three-element rheological model for each fat content Elastic constant was the strongest Viscoelastic behavior was influenced by fat content PC/QC	180
Homogenized and skimmed milk Maron-Belner capillary viscometer Ree-Eyring's generalized formula for a flow system	$F/G = (F/G)_1 + \left[(1/b_2)(1/a_1)(a_2/G)\sinh^{-1}(G/a_2)\right]$	Flow properties of milk measured at low shear stress Aggregates of fat globules influenced the non-Newtonian flow ES	111
Different heat treatments on apparent viscosity of UHT-treated milk Haake-Rotovisco RV-3		Heated milk affected the consistency of yogurt Milk exhibited a slight deviation from Newtonian behavior PC	116

Effect of fat content (0–30%) and temperature (0–30°C) on viscosity of commercial samples of milk Coaxial Haake-Rotovisco rheometer	$\ln\mu = (2721.5/T) + 0.1F - 8.9$	The effect of fat content on the viscosity is greater at low temperature. Application of rheological properties to calculate pumping needs PC	22
Flow properties of milk at low shear stress, influenced by different capillary radii Ree-Eyring's generalized formula for a flow system	$\eta = [(\eta_1 a_1/R)(1/b_2 + a_2/R)(1/a_2)(a_2/G)]$ $[\sinh^{-1}(G/a_2)]$	The differences in viscosity due to capillary radius were very noticeable at high shear stress Mechanism developed to explain the non-Newtonian behavior of milk PC/ES	200
Influence of total solids on viscosity of commercial milk Rotational Weissenberg rheometer cone-plate geometry	$\eta = \sigma/\gamma = m + (b/\dot{\gamma})$	Occurrence of a small but nonzero intercept in rheograms produced a slight thinning dependence of apparent viscosity. Essentially Newtonian fluids over the range of 121–485 s PC	198
Sterilized whole milk Ferranti-Shirley viscometer Cone-plate geometry	$\log\eta = A_1(\log e^{t/T}) + A_2$	Pseudoplastic and thixotropic nature Non-Newtonian behavior increased with fat content PC/QC	66
Changes in the viscosity of skim milk on heating for different holding times Ubbelohde capillary viscometer Deer rheometer couette geometry	$\eta = \eta/\eta_s = 1 + 2.5\varphi + k_v\varphi^2$	Development of a modified viscosity model Viscosity of milk increased for low shear rates, shear-thinning fluid Increased viscosity after heating was caused by protein changes ES	82

[a] The meaning of every symbol is defined in the nomenclature section.
[b] This classification is made considering the primary objective(s) established for each research. ES, elucidation of structure; PC, process characterization design; QC, quality control; TS, textural studies.

Nomenclature:

η	Apparent viscosity (cP)	η	Viscosity (cP)
T	Temperature (°C)	1	Subscript refers to Newtonian flow unit
a_0, a_1, a_2	Constants	2	Subscript refers to non-Newtonian flow unit
		R	Radius of the capillary (cm)
		σ	Slope of the linear plot of η vs. 1/R
N	Flow behavior index (dimensionless)	$\dot{\gamma}$	Shear rate (s^{-1})
ts	Storage time (weeks)	η	Apparent viscosity (cP)
t', $t''s$	Modified storage time for quadratic models (weeks)	σ	Shear stress (Pa)
a, b, c, d	Constants	m	Slope of the linear plot σ vs. $\dot{\gamma}$
		b	y-intercept of the linear plot σ vs. $\dot{\gamma}$

Table 3.3. continued

(continued)

Rheological Models for Milk

Symbol	Description	Symbol	Description
$'\varepsilon'$	Time rate of change of the strain rate (m/ms²)		
E_r	Retarded elastic parameter (Pa)		
η_1	Viscosity coefficient in the Kelvin model (Pa · s)	η	Viscosity (cP)
ε'	Strain rate ($d\varepsilon/dt$) (*m/ms*)	T	Absolute temperature (°K)
E_0	Initial elastic parameter (Pa)	A_1, A_2	Constants
$'\sigma'$	Time rate of change of rate of stress ($d\sigma^2/dt^2$) (N/m^2s^2)		
σ'	Rate of stress ($d\sigma/dt$) (N/m^2s)		
F	Shear stress at the capillary wall (dyne/cm²)	η	Viscosity of a highly dilute dispersion
G	Rate of shear at the capillary wall (s⁻¹)	η_s	Viscosity of the continuous phase
a, b	Constants	φ	Volume fraction
μ	Viscosity (cP)	k_H	Huggins coefficient
T	Absolute temperature (°K)		
F	Fat content (%)		

111.5.1.2.1. Tratamentos térmicos

Gryzowska e Tuszynsky [70] efectuaram um exame reológico do leite desnatado aquecido a diferentes temperaturas e mediram a viscosidade para identificar alterações estruturais: temperaturas inferiores a 50°C não tiveram qualquer efeito mensurável na viscosidade, mas temperaturas superiores a 60°C provocaram um aumento da viscosidade, mesmo quando aplicadas durante um curto período de tempo.

Swartzel et al.[179] estudaram a caraterização reológica de várias combinações UHT e analisaram as mudanças que ocorreram durante o armazenamento; em particular, o processo de gelificação foi relacionado com o nível de gordura, tempo de permanência no processo, temperatura de armazenamento e tempo de armazenamento. Jeurnink e DeKruif [82] seguiram as mudanças apresentadas no leite desnatado exposto a vários tempos de aquecimento. Eles descobriram que a viscosidade do leite aumentou após tratamentos térmicos em temperaturas acima de 70°C. Os aumentos de viscosidade foram atribuídos à desnaturação das proteínas do soro, em particular a P-lactoglobulina.

111.5.1.2.2. Composição do leite

A influência da matéria sólida nas propriedades reológicas foi analisada por Fernandez-Martin,[62] que propôs uma equação quadrática para relacionar viscosidade e conteúdo sólido (Tabela 3.3). Wayne e Shoemaker [198] relataram que, apesar da dependência linear entre a tensão de cisalhamento e a taxa de cisalhamento do leite com diferentes concentrações, os gráficos de viscosidade aparente vs. taxa de cisalhamento eram ligeiramente diluídos. Concluiu-se que essas amostras eram essencialmente fluidos newtonianos, e a ocorrência de pequenos interceptos diferentes de zero representava a existência de um valor de rendimento muito pequeno que foi negligenciado.

O teor de gordura é um dos factores mais importantes que afectam as propriedades reológicas do leite. Swartzel et al.[180] determinaram que o processo de gelificação modelado por um corpo viscoelástico era fortemente dependente do teor de gordura. Mineshita et al.[111] atribuíram o comportamento não-newtoniano do leite fresco, leite homogeneizado e leite desnatado a diferentes mecanismos na agregação de gotículas de gordura do leite.

Bakshi e Smith4 descobriram que os leites processados comercialmente exibiam um comportamento newtoniano e estabeleceram que a viscosidade variava linearmente com o teor de gordura e exponencialmente com a temperatura do leite. Garcfa et al.[66] estudaram o comportamento viscoso do leite integral esterilizado a altas taxas de cisalhamento e observaram que este produto era pseudoplástico, uma tendência que era mais notável à medida que o conteúdo de gordura era aumentado.

III.5.1.2.3. Temperatura experimental

Como a temperatura tem uma forte influência em todos os constituintes do leite, a faixa de influência deve ser claramente estabelecida. Fernandez-Martin [62] propôs relações polinomiais entre a viscosidade de diferentes tipos de leite em função da temperatura e da concentração, cobrindo uma gama de temperaturas entre 0 e 80°C. Bakshi e Smith [22] incluíram a temperatura da amostra como parte da correlação proposta para avaliar a viscosidade do leite em função do teor de gordura na faixa de temperatura de 0 a 30°C.

A Tabela 3.3 inclui as relações propostas por diferentes autores para avaliar as propriedades reológicas do leite em função de algumas variáveis do processo, bem como informações resumidas sobre cada investigação.

III.5.2. Leite concentrado

O processo de concentração envolve a remoção de água, reduzindo as distâncias entre as partículas em relação ao leite fresco. Como consequência das altas temperaturas durante o processo de evaporação, ocorrem mudanças físico-químicas nos componentes individuais do leite, particularmente nas proteínas do soro e na caseína. As modificações estruturais específicas para os dois tipos comerciais de leite concentrado, evaporado e condensado adoçado, têm uma influência importante no seu comportamento de fluxo.

O tratamento térmico provoca a maior parte das alterações na estrutura dos concentrados de leite. Estas alterações envolvem a fusão das micelas de proteína e, por vezes, dos glóbulos de gordura e corpos de proteína, formando estruturas inteiramente novas[36].

III.5.2.1. Leite evaporado

O leite evaporado contém todos os sólidos originais do leite em um volume reduzido de água[133]. Os processos de homogeneização e aquecimento necessários para a fabricação deste produto lácteo para garantir boas propriedades de armazenamento afetam fortemente o estado coloidal das proteínas e componentes de gordura. Schmidt et al.[156] notaram, por meio de observações de microscópio eletrônico feitas após o tratamento de esterilização de três tipos de leite evaporado, que grandes aglomerados de gordura e caseína foram formados assim que as micelas se dissociaram em um grande número de pequenas partículas de caseína.

A maioria dos estudos reológicos relacionou as propriedades de fluxo do leite concentrado com a concentração de sólidos e processos de gelificação. O comportamento não-Newtoniano foi relatado por Rao et al.,[139] Randhahn,[137] Schmidt et al.,[158] Ibarz e Garcia,[80] Velez et al.,[194] e Reddy e Datta,[146] enquanto que Fernandez-

Martfn,[62] Buckingham,[39] Bloore e Boag,[33] e Wayne e Shoemaker [198] consideraram que o leite evaporado tem um comportamento Newtoniano. Esta diferente caraterização reológica pode ser explicada pela diversidade de processos de fabrico utilizados na elaboração do leite evaporado, bem como pelas diferentes condições de teste aplicadas.

II.5.2.2. Leite condensado adoçado

O leite condensado adoçado é essencialmente uma suspensão de cristais de lactose e proteínas coloidais numa solução saturada de lactose e sacarose.

É pouco provável que este tipo de produto lácteo apresente um comportamento newtoniano simples[153]. Samel e Muers[153], Higgs e Norrington[75], Ibarz et al.[81], Alvarez De Felipe et al.[19] e Patil e Patel[126] concluíram que o comportamento não newtoniano deste produto lácteo pode ser atribuído a agregações moleculares.

O fenómeno físico mais importante do leite condensado estudado pelos investigadores é o processo de espessamento por envelhecimento. Este processo de espessamento determina o nível de aceitabilidade do consumidor e é fortemente influenciado pelo processo de elaboração. A viscosidade deste produto lácteo deve ser suficientemente elevada para evitar a sedimentação e o aumento da gordura, mas suficientemente baixa para permitir que o produto seja facilmente derramado do recipiente[116].

Com o espessamento da idade, ocorre uma alteração lenta e irreversível no tamanho ou na forma das micelas de caseína, mas o papel das proteínas do soro nesta alteração física não é claramente conhecido. Samel e Muers [153] concluíram que as proteínas do soro de leite não desempenham um papel significativo neste processo, e o espessamento da idade foi atribuído a alterações físicas na caseína, enquanto Alvarez De Felipe et al.[19] sugeriram que as proteínas do soro de leite parecem desempenhar um papel importante no processo de espessamento. Recentemente, Patil e Patel [126] encontraram uma relação exponencial entre as mudanças de consistência e o tempo de armazenamento do leite condensado adoçado.

1.1.1.3. 3. Modelos reológicos

Para analisar o comportamento reológico do leite concentrado independentemente do tempo, os modelos de Newton e de lei de potência têm sido muito úteis. Parâmetros reológicos, como viscosidade, índice de comportamento de fluxo, índice de consistência e viscosidade aparente, têm sido relacionados ao conteúdo de sólidos (Tabela 3.1). Fern&idez-Martin [62] e Bloore e Boag [34] propuseram uma relação polinomial para ajustar a viscosidade em função dos sólidos totais e da temperatura:

$$\log\eta = A_0 + A_1 t + A_2 t^2 + (B_0 + B_1 t + B_2 t^2)S + (C_0 + C_1 t + C_2 t^2)S^2 \quad (3.23)$$

Buckingham [39] utilizou uma relação logarítmica para expressar a viscosidade cinemática em função da concentração de sólidos.

$$\log\log(\nu + 0.8) = m[\%TS] + b \quad (3.24)$$

Reddy e Datta [146] utilizaram uma relação linear para ajustar a dependência do índice de fluxo em relação à concentração, e uma funcionalidade exponencial-potencial combinada de um índice de consistência em relação à concentração e à temperatura.

$$b = B_1 \exp(C_2/T) 1.25^x \quad (3.25)$$

Os modelos de Weltman e Hahn, Equações 3.26 e 3.27, respetivamente, foram utilizados por Higgs e Norrington,[75] Ibarz e Garcia,[80] e Ibarz et al. [81] para avaliar a tixotropia do leite concentrado.

$$\tau = A - B\log t \quad (3.26)$$

$$\log(\tau - \tau_0) = p - \alpha t \quad (3.27)$$

A caraterização viscoelástica do leite concentrado por meio de modelos viscoelásticos tem sido muito limitada. Patil e Patel [126] expressaram o comportamento viscoelástico através de um modelo de Maxwell generalizado. Os restantes trabalhos consultados não caracterizaram o comportamento reológico através de modelos viscoelásticos, como se pode ver na Tabela 3.1.

Devido às diferenças na abordagem dos estudos supramencionados e à diversidade das condições de ensaio e dos equipamentos utilizados, é bastante difícil efetuar uma comparação dos resultados.

111.5.3. Creme

A nata é um produto lácteo com uma composição muito semelhante à do leite gordo, com exceção das partículas de alta densidade, separadas do leite durante o processo de centrifugação.[85,129] A diferença mais significativa entre os diferentes tipos de nata é o teor de gordura.[25,60] A maioria dos produtos cremosos são normalmente fluidos, devido à falta de uma matriz proteica rígida.[86]

O fluxo não-Newtoniano da nata com alto teor de gordura a baixas taxas de cisalhamento foi claramente estabelecido durante a década de 1960, e também foi reconhecido que a nata exibe algum grau de elasticidade. [167] Neste produto lácteo, a temperatura de medição tem um papel definitivo nas propriedades reológicas. A temperaturas acima de 35 a 40°C, o comportamento de fluxo da nata é Newtoniano porque a esta temperatura ou superior, a maioria dos ácidos gordos são líquidos;[128] em contraste, o comportamento é não-Newtoniano a temperaturas abaixo de 35°C como consequência do estado físico

dos ácidos gordos e da chamada aglutinação a frio em que os componentes da nata, principalmente ácidos gordos, são aglomerados. [22,193] Sadowska et al. [152] estabeleceram que a nata contendo 60% de gordura tem um comportamento não-Newtoniano na gama de temperaturas testada (15 a 80°C); a nata crua mostrou uma tensão de cedência seguindo o modelo de Bingham, enquanto que a nata tratada termicamente seguiu o modelo da lei da potência.
Parte do complexo comportamento reológico do creme comercial deve-se à presença de espessantes hidrocolóides na fase aquosa da emulsão.[58] Observações microscópicas da estrutura do creme, bem como estudos dos parâmetros de processo que afectam as características físico-químicas deste produto, têm contribuído para a identificação do seu comportamento reológico.[38,69,128]

111.5.3.1. Creme batido

O processo de batimento tem recebido mais atenção do que qualquer outro tipo de creme.[134,145,170,175] Este processo incorpora um grande volume de ar no creme que transforma a emulsão de óleo em água numa espuma com um sistema trifásico: água, gordura e ar.[20,68] A perda de membranas dos glóbulos de gordura durante o batimento e a adsorção de proteínas solúveis do soro de leite modificam as superfícies dos glóbulos de gordura.[38,69]
A estrutura e o comportamento reológico da nata batida são o resultado de inter-relações entre glóbulos de gordura, bolhas de ar e componentes do plasma[170]. Na caraterização das suas alterações físicas, Tanaka e deMan [186] adaptaram um instrumento para medir a alteração da viscosidade da nata ao longo do tratamento de batimento. Min e Thomas [120] analisaram o efeito deste processo de fabrico nas propriedades físicas da nata, incluindo a homogeneização, pasteurização, arrefecimento e envelhecimento. Shioya et al.[170] acompanharam o comportamento reológico do creme durante o batimento. Este processo de incorporação de ar é caracterizado por dois estágios relacionados a um agrupamento primário dos glóbulos de gordura independentes, e um processo de coagulação dos aglomerados de glóbulos de gordura. Também, Shioya et al.[170] estudou o creme batido afetado por diferentes variáveis neste processo.
A transformação do creme durante o processo de batimento foi observada e descrita por Sone et al.,[175] que sugeriu uma estrutura média composta de complexos de gordura livre/glóbulos de gordura e juntas de bolhas de ar cercadas por gordura livre, glóbulos de gordura e uma fina camada de proteína no creme batido. Acredita-se que o chantilly é uma matriz mista de uma estrutura O/W macia e uma estrutura W/O mais rígida. [179] Sone et al.[175] e Noda e Shiinoki [179] realizaram uma análise viscoelástica para correlacionar o

comportamento reológico com a estrutura do chantilly. Em ambos os estudos, o processo de batimento foi dividido em quatro etapas, sendo que cada etapa estava relacionada à incorporação de ar e à transformação da estrutura do creme.

111.5.3.2. Modelos reológicos

Em estudos anteriores, a utilização de modelos reológicos na nata foi limitada. Mais interesse foi dedicado a encontrar termos descritivos, [130,134,138] relações empíricas, [22,128,193] e medições de torque.[186] Recentemente, algumas investigações utilizaram modelos reológicos (Tabela 3.2) para ajustar o comportamento do fluxo. Shioya et al.[170] propuseram um modelo linear para relacionar a viscosidade do creme e o tempo de cisalhamento.

$$\ln(\eta_t/\eta_0) = B_2 t + C_2 \qquad (3.28)$$

Dwyer e Dixon [58] utilizaram o modelo da lei da potência para expressar o comportamento não-Newtoniano, e o modelo de Tiu-Boger (Equação 3.29) para ajustar a taxa de variação da viscosidade com o tempo,

$$d\eta/\mathrm{dt} = -k(\eta - \eta_e)^2 \qquad (3.29)$$

e Sadowska et al.[152] modelaram a natureza do fluxo do creme cru por meio da equação de Bingham e o comportamento do creme tratado termicamente usando o modelo de lei de potência.

Raventos [145] aplicou o modelo de Weltman (Equação 3.26) para ajustar o comportamento tixotrópico de cremes batidos. Randhahn e Reuter,[138] Sone et al.,[175] e Noda e Shiinoki [119] abordaram o comportamento viscoelástico do creme por meio de modelos mecânicos.

A modelação reológica da nata tem sido conduzida por alguns autores [58,128,170,175,193] seguindo muitas abordagens distintas. O creme tem sido considerado uma emulsão, uma dispersão ou um fluido com uma determinada viscosidade. Estas diferentes abordagens, juntamente com a utilização de muitos instrumentos diferentes para a caraterização da nata, tornam muito difícil a comparação dos resultados.

111.5.4. Manteiga

A manteiga tem uma composição média de pelo menos 80% de gordura láctea, 16% de água, 1,2% de proteínas lácteas e sal opcional (2% ou menos). A composição exacta está condicionada ao fator de superação, que é o rácio entre a quantidade de constituintes sem gordura e a gordura[151]. Estruturalmente, a manteiga é uma emulsão de gotículas de água numa matriz semi-sólida de gordura láctea.

As gotículas de água podem conter sal dissolvido e compreendem cerca de 15% do volume total. Estas gotículas são discretas e, nesta concentração, estão separadas por uma distância média aproximadamente igual ao seu diâmetro médio de 6 a 10 цгп.[44,128,133]

A matriz de gordura láctea é a principal responsável pela textura da manteiga e consiste numa rede tridimensional de cristais de gordura enredados num meio de óleo líquido.[161] Embora a estrutura da manteiga esteja relativamente bem definida, muitas alterações que ocorrem nas suas propriedades não são bem compreendidas. [44] Em baixo cisalhamento, a manteiga se comporta como um material viscoelástico e, quando é exposta a um alto cisalhamento, a estrutura interna se rompe e apresenta comportamento plástico[44].

111.5.4.1. Modelos reológicos

Dois estudos reológicos pioneiros sobre a manteiga [55,161] utilizaram modelos mecânicos para caraterizar a natureza viscoelástica da manteiga por meio de um teste de conformidade de fluência representado como:

$$J(t) = J_0 + \sum_i J_i \left[1 - \exp(-t\tau_i)\right] + \frac{t}{\eta_N} \qquad (3.30)$$

A maioria dos autores centrou as suas investigações na avaliação ou quantificação das propriedades físicas ou dos atributos de qualidade, tais como a viscosidade,[99,102,104,105,123,187] a tensão de yjeid; [98,114,187] a dureza, [20,50,52,91,1127] e a capacidade de barrar. [20,35,50,52,59,99,101,104,105,123,188] A11 estes atributos estão fortemente correlacionados com a aceitabilidade da manteiga pelo consumidor. Não há muitos modelos matemáticos disponíveis na literatura para caraterizar as propriedades reológicas da manteiga, como pode ser visto na Tabela 3.4. No entanto, existe um grande interesse nos atributos texturais, essencialmente os atributos correlacionados com as avaliações sensoriais. Foram definidos vários termos para avaliar a textura da manteiga[44,90]. Segundo Prentice[133], duas propriedades reológicas estão principalmente relacionadas com a textura, a capacidade de barrar e a firmeza, sendo a capacidade de barrar a propriedade física mais importante para a aceitabilidade do consumidor.

Table 3.4.

Rheological and Textural Studies on Butter

Experimental	Rheological parameters/models[a]	Important remarks/classification[b]	Ref.
Rheological properties (40 and 62°F) using static and dynamic tests Bellows Valvari machine and Cantilever beam	Viscoelasticity expressed as viscosity (lb · s/in.²), relaxation modulus (lb/in.²) and yield value (lb · s/in.²)	Butter showed linear viscoelastic behavior, represented by a viscous-Maxwell-Bingham model Butter has a higher elastic modulus at lower temperatures ES	55
Mechanical treatment on the hardness of butter Cone penetrometer (15°C)	Rheological properties expressed as hardness (kg/cm²)	Butter showed a thixotropic behavior, with gradual recovery of hardness Instantaneous bond breakage PC	51
Work softening on the viscoelasticity of butter Shearing in a parallel plate and compression between parallel plates on a visco-elastometer (10°C)	Viscoelasticity represented as instantaneous and retarded moduli (dyn/cm²), and viscosity (P); modeled by: $J(t) = J_0 + \sum J_i\left(1 - e^{-t/\tau_i}\right) + t/\eta_N$	Viscoelastic parameters affected by work softening and subsequent aging Butter elasticity was almost totally recovered Loss of the Newtonian viscosity that was lost was recovered PC	161
Rheological properties of butter Weissenberg Rheogoniometer (5°C)	Flow properties as viscosity (P): $\eta_e = \eta_0\{\exp[2.5\varphi_c + 0.40(p-1)\varphi_c/(1-1.91\varphi_c)]\ \exp(2.5\varphi_w/1-k_w\varphi_w)\}$	Modification of an existing model to calculate the viscosity of butter during spreadability ES/PC	123
Textural properties of butter Puncture tester	Properties expressed as apparent viscosity (P) and yield value (d/cm²): $\eta_{app}(dh/dt) + f = F\cot(\theta/2)\cos(\theta/2)\pi h^{1.49}$	Viscoplastic model proposed, to evaluate the apparent viscosity TS	187
Modification of butter composition to improve its spreadability (4.4, 10°C) Penetrometer AOAC Sensory evaluation	Spreadability evaluated as hardness (kg/cm²)	Hardness decreased 25–40% but was not sufficient to improve the spreadability at low temperatures TS/PC Beneficial effect disappeared at storage	20

Table 3.4
(continued)
Rheological and Textural Studies on Butter

Experimental	Rheological parameters/models[a]	Important remarks/classification[b]	Ref.
Spreadability of butter using five methods of testing Extruder, compression tester, disc penetrometer, sectility tester, and cone penetrometer Subjective appraisal	Spreadability expressed as firmness (N)	All methods appeared to measure essentially the same property (firmness). Extrusion method had best precision Disc penetrometer method was most convenient TS	56
High concentration of linoleic acid (24.5%) on properties of butter (2, 10, and 13°C) Cone penetrometer Sensory assessment	Physical properties evaluated as hardness (mm/10)	Butter with elevated levels of linoleic acid was softer than conventional, but it had poorer quality during storage Plastic properties affected by churning and phase inversion processes QC	91
Effect of polyunsaturated fatty acids on properties of butter (10°C) Disc and Cone penetrometers	Spreadability expressed as hardness (g/cm²)	Hardness of butter reduced significantly with increasing in fatty acids QC	200
Physical properties of butter affected by fat content (5 and 22°C) Hardness with a relative scale	Consistency or spreadability as hardness (relative value)	Consistency of butter determined by solid fat content and manufacturing conditions Hardness had good correlation with solid fat content QC	189
Spreadability of butter at different temperatures (5, 10, 15, 20, and 25°C) Constant speed penetrometer Sensory evaluation	Spreadability represented as hardness (g/cm²) $(C \times A^{1.68})/P^{a} = (\exp^{0.167})/B$	Hardness depending on temperature Hardness value in the range 12–500 g/cm² resulted in favorable spreadability At 5°C, was 810–815 g/cm² QC	52
Firmness of butter (5, 13, and 20°C) using a new cone penetrometer Precision penetrometer Sensory evaluation	Spreadability expressed as penetration depth (mm/10) and cone stress (Pa):	Development of an empirical model to evaluate the firmness of butter Firmness property related to the cone dimensions, penetration depth, and test temperature QC	57
Hardness of butter affected by various treatments Penetrometer type, Mebimex (5 and 12.5°C)	Spreadability expressed as hardness (mm)	Softening was increased by adding low melting point butter fat (20–60%), whipping, and incorporating additives TS/QC	59

Spreadability of butter (0 to 25°C) with a new instrument Single-pin maturometer Sensory assessment	Spreadability expressed as reading of the maturometer (g)	Instrument suitable to measure the spreadability of butter Acceptable reproducibility Detection of texture differences	QC	35
Rheological evaluation of 24 commercial butters Conic penetrometer, Helvan Heinor Sensory evaluation	Hardness measured as a resisting force (g/cm^2)	Consistency was quite diverse The consistency of butter was 1.9 to 9 times harder then spreadable margarine	QC	127
Rheological and textural analysis of commercial butter (5, 10, and 15°C) Instron Universal Testing Machine and extrusion viscometer	Deformation measured as extrusion shear, compression, and penetration yield value (N/m^2) Flow characteristics expressed as yield stress (N/m^2): $\tau_w^{1/2} = M(\gamma_{wapp})^{1/2} + \tau_{yc}^{1/2}$	Instrumental values of quasistatic tests were highly correlated to sensory values Casson and Herschel-Bulkley adequately fit butter flow	PC	90
Comparison of different methods for measuring the consistency of butter Consistency measured on a disc penetrometer, a sectilometer, and cone penetrometer	Consistency expressed as yield stress (Pa) and viscosity (Pa · s)	The three instruments gave results highly correlated with spreadability The disc penetrometer was the most exact method for measuring in soft butter Yield stress was sufficient to measure a consistency	TS	113
Hardness and spreadability of commercial butter Sliding pin instrument Sensory assessment	Hardness measured as resisting force (N)	High reliability to measure hardness and spreadability Instrumental data adequately related to sensory evaluation	PC/QC	50
Viscoelastic properties of butter (5, 10, and 15°C) Instrument designed for creep analysis	Viscoelastic properties expressed as retarded and instantaneous elasticity (Pa) and viscous flow (Pa · s)	Instantaneous elasticity was time dependent; retarded elasticity showed little change Elastic and viscous components decreased rapidly with temperature	PC	53

A capacidade de barrar reflecte o estado de dispersão dos cristais de gordura e do óleo líquido[52]. Existe uma grande relação entre a capacidade de barrar e a dureza, e a maioria dos métodos utilizados para avaliar a capacidade de barrar mede, de facto, a resistência do corpo a ser deformado. A capacidade de barrar da manteiga é afetada por vários factores, como a relação entre a gordura sólida e a gordura líquida, o tamanho e a forma dos cristais de gordura, os tratamentos mecânicos, o envelhecimento e a temperatura, entre outros.[52,172] Por outro lado, a firmeza está relacionada com a resposta estrutural a alguma força externa; representa a capacidade elástica da matéria gorda que responde a forças de compressão.[133]

Foram identificados cinco métodos objectivos para avaliar a textura da manteiga:[52,113,120,133] penetração, corte, extrusão, compressão e espalhabilidade. Destes cinco métodos instrumentais, a compressão e a extrusão têm sido os mais utilizados por apresentarem precisão, elevada reprodutibilidade e simplicidade[52,57,120]. O'Connor et al.[102] analisaram as vantagens e limitações destas cinco técnicas.

O principal objetivo de muitos investigadores no fabrico de manteiga tem sido reduzir a dureza ou aumentar a capacidade de barrar [20,51,59,91,100,102,104,161,200] Este objetivo tem sido alcançado (Quadro 3.4) de muitas maneiras diferentes: adicionando fracções de baixo ponto de fusão da matéria gorda láctea ou alguns aditivos, misturando óleos vegetais polinsaturados com matéria gorda láctea, alterando a composição da matéria gorda láctea de dietas especiais dadas às vacas, aplicando diferentes processos, como tratamentos térmicos da nata ou tratamentos mecânicos da manteiga, e reprocessando a manteiga, o que altera a estrutura original dos cristais de gordura.

III.5.5. Gelados

Estruturalmente, o gelado pode ser descrito como uma espuma parcialmente congelada com 40 a 50% de conteúdo de ar em volume. A fase contínua é uma solução aquosa concentrada e não congelada que contém sais de leite solúveis, lactose e açúcares adicionados. Nesta fase contínua, os sólidos coloidais (isto é, proteínas, sais e estabilizadores) estão dispersos e a fase lipídica tem a forma de uma emulsão. Os cristais de gelo existem como uma fase grosseiramente dispersa e ocupam a maior parte do espaço entre as células de ar[28, 29,118,191].

O gelado contém aproximadamente 50% da sua água sob a forma de gelo a 5,5°C, que é a temperatura a que o gelado é consumido. As dimensões dos cristais de gelo no gelado afectam significativamente a textura do produto; se excederem 40 a 50 *g* de comprimento, o gelado adquire uma textura grosseira.

Uma textura suave é caracterizada por cristais de gelo com menos de 20 gm.[85] A textura do gelado depende principalmente das propriedades físicas das paredes celulares. Estas, por sua vez, são influenciadas pelo tamanho dos glóbulos de gordura, pelo tamanho e distribuição das células de ar, pelas propriedades físicas da película de proteína-emulsionante adsorvida nos glóbulos de gordura e pelas propriedades físicas da película de proteína que envolve as células de ar e os aglomerados de glóbulos de gordura nesta película.[117] Todos os constituintes contribuem de forma importante para as propriedades reológicas do gelado.[133]

III.5.5.1. Modelos reológicos

Desde 1965, quando Sherman [163,164] propôs uma teoria para a estrutura do gelado, o conhecimento das características físicas e das interacções entre os componentes tem sido bem compreendido. Shama e Sherman [160] estabeleceram uma relação estreita entre os parâmetros calculados a partir dos dados de conformidade de fluência com os constituintes estruturais do gelado (Equação 3.30). Eles propuseram um modelo no qual os fenómenos de textura são representados por seis parâmetros mensuráveis, incluindo três componentes de elasticidade e três componentes de viscosidade. As suas experiências sugeriram que a elasticidade instantânea *(Eo)* é afetada principalmente pelos cristais de gelo. Um módulo de elasticidade (*EI)* e um componente de viscosidade (ip) são afectados pela fraca rede estabilizador-gel. O outro módulo de elasticidade *(E2)* é afetado pelas células de ar envoltas em proteínas. O segundo componente de viscosidade, p1, é principalmente afetado pelos cristais de gordura e um terceiro parâmetro de viscosidade newtoniana *(^N)* pelos cristais de gordura e de gelo.

A modelagem das propriedades de fluxo para sorvete tem sido restrita ao comportamento de fluxo do sorvete derretido e à natureza viscoelástica das misturas congeladas. As propriedades de fluxo foram ajustadas por modelos lineares [162] e modelos quadráticos [32] onde a concentração volumétrica da fase dispersa é o fator mais importante [67,68]

$$\eta_e = \eta_0(1 + a\varphi + b\varphi^2) \qquad (3.31)$$

A medição das propriedades reológicas do gelado tem-se centrado principalmente na influência de diferentes constituintes nos atributos de qualidade desta sobremesa congelada, conforme resumido na Tabela 3.5. Esses atributos são representados principalmente pela textura [94,163,165,166,188] e viscosidade [32,4343,67,68,109,158,162,174,181]

Table 3.5.

Rheological Characterization of Ice Cream

Experimental	Rheological parameters/models[a]	Important remarks/classification[b]	Ref.
Rheological properties of ice cream in the range of 60–800 s Concentric cylinder Couette type	Viscosity (P): $\eta = m(\dot{\gamma}/d_v) + C$	Viscosities of ice cream mixes were related to globule diameter ES	162
Texture of ice cream mix and frozen ice cream at 4.5°C Rotovisco viscometer	Consistency expressed as viscosity (P)	Viscosity decreased with increasing shear rates ES/TS	163
Effect of fat, overrun, and temperature on the texture of frozen ice cream Creep behavior studied at various temperatures (–7 to –15°C) Parallel plate viscoelastometer	Viscoelastic behavior evaluated as instantaneous elasticity, elastic moduli (dyn/cm²), and viscosity components (P): $J(t) = J_0 + J_1\left(1 - e^{-t/\tau_1}\right) + J_2\left(1 - e^{-t/\tau_2}\right) + t/\eta_N$	Samples showed viscoelasticity The creep behavior of frozen ice cream was represented by a six-element model Close relationship between viscoelastic parameters and structural constituents ES/TS/PC	160
Rheological properties of mix and melted ice Rotovisco rheometer and coaxial cylinder viscometer	Viscoelastic behavior evaluated as instantaneous elasticity, elastic moduli (dyn/cm²), and viscosity, components (P): $J(t) = J_0 + J_1\left(1 - e^{-t/\tau_1}\right) + t/\eta_N$	Ice cream mix and melted ice cream had viscoelastic behavior Ice cream required six elements, whereas melted ice cream required only four ES/TS	164
Texture evaluation of ice cream body General Foods Texturometer	Texture expressed as a texture profile curve with four parameters: hardness (force), cohesiveness (force), adhesiveness (work), and gumminess (energy)	Hardness, cohesiveness, and gumminess increased with a higher level of substitution of corn syrup As the overrun increased, hardness and gumminess decreased, whereas adhesiveness and cohesiveness tended to increase TS	94
Texture of ice cream affected by oil globules size Consistency measured indirectly	Texture expressed as rate of subsidence (mm/min)	Increasing the size of the oil globules increased the rate of subsidence that diminished the consistency ES	165
Structure and textural properties of ice cream	Viscoelasticity expressed as creep compliance-time curves	Textural properties of samples defined in terms of physical parameters ES/TS	168

Ice cream texture affected by different sweeteners, overrun, and storage temperature Brookfield LVT viscometer Sensorial evaluation	Texture expressed as force-time curves, penetration stress (dyn/cm²), yield value (dyn/cm²), and apparent viscosity (P)	Ice cream mixes showed non-Newtonian behavior Viscosity and yield value inversely related to overrun Yield values from penetrometer in good agreement with sensory valuation of firmness TS/PC	188
Relationship between fat globule membrane and viscosity of ice cream Ferrand-Shirley cone and plate viscometer	Viscosities (P) evaluated for the fluid medium (η_0) and for the mix (η_e) $\eta_e = \eta_0(1 + a\phi + b\phi^2)$	Mixes behaved as non-Newtonians Proposed model for fat globule membranes to explain non-Newtonian behavior ES	132
Physical properties of ice cream affected by polysaccharides Haake Rotovisco Organoleptic evaluation	Apparent viscosities (cP)	Optimum viscosity for ice cream mix between 25 and 75 cP Most stabilizers gave mixes below the optimum range PC	45
Effect of stabilizers and temperature (25–80°C) on viscosity of ice cream mix Haake Rotovisco RV1 rheometer	Viscosity (cP) expressed as relative viscosity (η_{rel}), apparent viscosity (η), specific viscosity (η_{sp}), and reduced viscosity (η_{red}) $\eta = kD^{n-1}$	Increasing the hydrocolloid concentration produced a nonlinear increase in mix viscosity The effect of shear rate on the viscosity of the ice cream mix followed a power law relationship PC	45
Effect of aging on the rheology of ice cream mix and melt Wells-Brookfield synchroelectric Micro-viscometer (cone/plate)	Rheological properties expressed as apparent viscosity (Pa · s), initial and retarded elastic parameters E_0 and E_r (Pa), and viscosity η_r (Pa · s)	Flow properties of the mixes and melts were quite stable up to 24 weeks Model constants varied little between samples stored at 20 and those at 30°C The strongest element constant for all samples was the elastic series PO	181
Rheological properties of ice cream mix as a function of two sweeteners and whey substitution Haake Rotovisco II viscometer	Rheological properties expressed as flow index, consistency index (Pa · sⁿ), and apparent viscosity (Pa · s): $\eta_{app} = K\dot{\gamma}^{n-1}$	Ice cream mixes showed pseudoplastic behavior, with a flow behavior index between 0.48 and 0.55 QC	174

(continued)
Rheological Characterization of Ice Cream

Experimental	Rheological parameters/models[a]	Important remarks/classification[b]	Ref.
Effect of fatty acid on rheological properties of ice cream Haake Rotovisco RV 100 viscometer	Viscosity expressed in terms of cP and % of penetrability	An unsaturated fatty acid of monoglycerides drastically increased the viscosity of the ice cream mix QC	43
Effect of homogenization pressure on physical properties of ice cream Haake Rotovisco II viscometer	Viscosity measured in terms of cP	Homogenization affected the viscosity of the ice cream mix caused by the dispersion of fat globules PC	157
Effect of stabilizers on textural characteristics of ice cream from sheep's milk Brookfield DV II viscometer and a penetrometer SUR	Flow properties evaluated as viscosity (cP) and efflux time (s); firmness expressed in penetration units [(1/10)mm]	Stabilizers were very useful for improving textural characteristics The stabilizer recommended for this product was xanthan gum at 0.2% or guar gum at 0.3% QC	109
Physical properties of ice cream as a function of substitution levels of arrowroot Ostwald viscometer Sensory evaluation	Viscosity expressed as relative viscosity	Increasing the levels of arrowroot powder significantly increased the viscosity Viscosity increased the smoothness of the body QC	195
Flow characteristics of ice cream mixes as function of shear rate and stabilizer in HTST holding tubes Haake Rotovisco RV3 viscometer	Flow properties expressed as flow index, consistency index ($Pa \cdot s^n$), and apparent viscosity (cP): $\eta = K\dot{\gamma}^{n-1}$	Mixes showed pseudoplastic behavior with flow indices of 0.53 and 0.57 for 0.25 and 0.375% of guar gum, respectively The apparent viscosity of the ice cream formulations was 1.35 cP at 80°C PC	67
Viscosity of ice cream affected by pasteurization temperatures Carry-Med rheometer	Flow properties expressed by viscosity ($Pa \cdot s$), consistency coefficient ($Pa \cdot s^n$), and flow behavior index: $\sigma = K\dot{\gamma}^n$	All samples showed shear thinning fitted by a power law model The flow behavior index was 0.7 for all mixes, except with xanthan gum PC	68

[a] The meaning of every symbol is defined in the nomenclature section.
[b] This classification is made considering the primary objective(s) established for each study. ES, elucidation of structure; PC, process characterization or design; QC, quality control; TS, textural studies.

Table 3.5.

Rheological and Textural Studies on Butter

C	Cone mass (g)	n', n'', n^*	Flow behavior indices determining the dependence of G', G'', and η^*, respectively
A	Cone angle (°)		
P	Penetration depth (cm)		
T	Temperature (°C)		
B	Firmness of butter		

Além disso, existem alguns relatórios que relacionam as propriedades reológicas do gelado com alguns aspectos do processo de fabrico. Schmidt e Smith [157] determinaram o efeito da pressão de homogeneização sobre as características físicas do sorvete, Goff e Davidson [68] analisaram o comportamento do fluxo de misturas de sorvete através de tubos durante o tratamento térmico, e Swartzel et al. [181] estudaram o efeito do armazenamento sobre as propriedades reológicas da mistura de sorvete e do derretimento (Tabela 3.5).

III.5.6. Iogurte

O iogurte é uma rede de proteínas formada por micelas de caseína que contêm soro e glóbulos de gordura. A estrutura de caseína do iogurte é relativamente fraca; [86] por isso, a distribuição do resto dos componentes tem um efeito importante no comportamento reológico do iogurte. De acordo com Tamime et al., [183-185] a microestrutura composta por cadeias e aglomerados de micelas de caseína era semelhante para iogurtes preparados, mas a forma como as micelas de caseína estão ligadas a outros componentes diferia visivelmente, dependendo do processo de preparação.

No iogurte e noutros produtos lácteos de cultura, o carácter físico da coalhada de leite é de importância primordial no que se refere à qualidade, textura e corpo[105]. Há muitos anos que se reconhece que a combinação de uma boa firmeza sem sinérese é essencial para a qualidade superior do iogurte[98].

Em termos gerais, para qualquer tipo de iogurte, existe uma estreita relação entre a consistência e a qualidade, embora tenha havido resultados contraditórios quando se procedeu à avaliação sensorial, devido às diferenças nos gostos humanos[44].

Labropoulos et al.[105] apontou três abordagens para melhorar o corpo e a textura do iogurte: (1) aumento da viscosidade através do aumento dos sólidos totais, (2) adição de estabilizantes, e (3) controlo dos tempos e temperaturas de processamento. Teggatz e Morris [190] mencionaram a existência de uma abordagem diferente usada por alguns países europeus que incorpora o uso de culturas ropy para aumentar a viscosidade e reduzir a sinérese.

Uma vez que o grau de desnaturação das proteínas do soro de leite, em consequência do tratamento térmico, é um fator importante que afecta a textura do iogurte, vários estudos sobre as propriedades reológicas centraram-se nesta fase do processo de fabrico[47,48,107,114,115,148,158].

Em relação ao efeito do calor sobre as proteínas, existe um consenso de que os tratamentos térmicos convencionais (VAT) do leite são melhores do que os processos UHT para aumentar a viscosidade do iogurte. [105,106,124]

III.5.6.1. Iogurte batido e mexido

O iogurte está disponível no mercado sob duas formas: iogurte fixo e iogurte agitado. Na primeira, a estrutura ge é desenvolvida durante a fase de fermentação dentro do recipiente, enquanto que na segunda a estrutura formada durante a incubação a granel é quebrada através das fases seguintes do processo para produzir um iogurte semiviscoso[135]. Observações feitas usando microscopia eletrónica revelaram a microestrutura do iogurte fixo como uma rede tridimensional ininterrupta composta por cadeias e aglomerados de micelas de caseína; por outro lado, o iogurte agitado mostrou menos cadeias e mais aglomerados de micelas unidas por fibras[84].

III.5.6.2. Modelos reológicos

Atributos de qualidade como textura, consistência, firmeza, tensão da coalhada e propriedades de fluxo têm sido satisfatoriamente medidos e têm permitido a melhoria da qualidade do iogurte para a satisfação do consumidor; todos estes atributos podem ser relacionados com a aceitabilidade sensorial. A Tabela 3.6 mostra que os estudos realizados em ambos os tipos de iogurte têm-se centrado na influência de aspectos como a composição, os diferentes métodos de elaboração e, principalmente, os tratamentos térmicos na qualidade física. Na determinação da qualidade, falta a modelação matemática.

Nos poucos trabalhos em que a modelagem reológica foi usada, o modelo de lei de potência [6,56,106,117,118,140] foi empregado com mais frequência e, ocasionalmente, o modelo de Herschel-Bulkley [6,106,117,118] foi incorporado para se ajustar ao comportamento não-newtoniano do iogurte. Ramaswamy e Basak [117,118] caracterizaram o comportamento reológico do iogurte comercial agitado e descobriram que a rutura estrutural não reversível pode ser expressa numa sequência de cisalhamento tri-cíclica, onde as curvas de fluxo ascendente geralmente seguiam o modelo de Herschel-Bulkley e as curvas descendentes seguiam uma relação linear.

Além disso, Ramaswamy e Basak [6,118] incorporaram alguns aditivos para analisar a sua influência nos parâmetros reológicos do iogurte agitado, obtendo boas correlações para prever a viscosidade em função da concentração dos ingredientes.

A natureza tixotrópica do iogurte foi mencionada por vários autores (Tabela 3.6), mas não foi utilizado nenhum modelo para a ajustar.[6,96,117,118,159] Uma vez que a estrutura de rede do iogurte desempenha um papel importante na viscoelasticidade deste produto lácteo, os testes dinâmicos estão a encontrar um excelente campo de aplicação na análise da natureza viscoelástica do iogurte afetada pelas variáveis de processo e condições de medição.[12,131,132,159,178,179]

Biliaderis et al.[40] utilizaram testes oscilatórios de pequena amplitude para seguir a formação da estrutura no iogurte fermentado. Observaram um aumento rápido no módulo de armazenamento, bem como uma diminuição súbita no ângulo de fase, que estavam relacionados com a transição de sol para gel, e aplicaram um modelo cinético de reação de primeira ordem (Equação 32) para estimar a taxa de rigidez desenvolvida durante a fermentação do iogurte:

$$k = \left(\frac{2.303}{t}\right)\log\left(\frac{G_a - G_0}{G}\right) \quad (3.32)$$

Ronnegard e Dejmek [132] utilizaram a Equação 3.33 para descrever as curvas de rutura fora da região linear para iogurtes agitados obtidas por meio de ensaios oscilatórios,

$$G' = G_1\text{éxp}\left(\frac{-t}{\tau_1}\right) + G_2'\exp\left(\frac{-t}{\tau_2}\right) + G_{\inf}' \quad (3.33)$$

Enquanto que Vlahopoulou e Bell [179] utilizaram testes dinâmicos para identificar as diferenças viscoelásticas entre iogurtes ropy e nonropy.

Embora tenham verificado que os testes oscilatórios apresentavam uma variação considerável entre os lotes, os módulos de armazenamento e de perda dos géis ropy eram inferiores aos correspondentes aos iogurtes não ropy. Embora exista informação sobre as propriedades reológicas, vários trabalhos têm-se centrado no estudo dos aspectos empíricos e das preferências dos consumidores. Recentemente, têm sido investigados aspectos reológicos mais fundamentais e científicos, sendo a aplicação de medidas dinâmicas de caraterização da viscoelasticidade dos iogurtes um exemplo disso.

III.6. Observações finais

Os dados reológicos e texturais foram compilados para leite, leite concentrado, nata, manteiga, gelado e iogurte. Embora muitos dos artigos revistos não tenham estabelecido uma relação quantitativa entre as propriedades reológicas e a estrutura destes produtos lácteos, a informação escrita é útil para os investigadores que trabalham nos diferentes sectores da indústria dos lacticínios. Foram feitos progressos importantes na caraterização do comportamento reológico do leite e dos produtos lácteos. No entanto, a utilização de modelos reológicos tem sido muito limitada e a maioria dos estudos tem-se restringido à análise do comportamento reológico através de testes empíricos e da utilização de instrumentos com uma gama de aplicação restrita. O leite, o leite concentrado e a nata têm sido ajustados por modelos reológicos matemáticos, enquanto a manteiga, o gelado e o iogurte têm sido caracterizados principalmente por testes de força-deformação. Os testes dinâmicos estão a ganhar reconhecimento como uma forma de melhorar o conhecimento atual das propriedades reológicas. Os modelos e instrumentos reológicos utilizados para caraterizar os seis produtos lácteos acima referidos são bastante diversos, variando de fundamentais e sofisticados a empíricos e de desempenho duvidoso. Não existem métodos ou instrumentos reconhecidos como padrão para a caraterização reológica de cada produto. A padronização de métodos de teste e modelagem para cada produto lácteo tornar-se-á rapidamente uma norma industrial.

Embora estejam disponíveis dados reológicos e de textura para os produtos lácteos e haja maior acessibilidade a instrumentos avançados, é necessária investigação adicional. Estudos baseados em microscopia eletrónica de varrimento e ressonância magnética, biossensores ópticos, acústicos e electroquímicos e processamento digital de imagens, entre outros, permitirão uma melhor compreensão das relações entre os componentes estruturais de cada produto lácteo e a sua influência nas propriedades reológicas. Além disso, espera-se que várias contribuições para as correlações subjetivo-objectivas venham da análise sensorial.

Table 3.6.

Rheological Characterization of Set and Stirred Yogurts

Experimental	Rheological parameters/models[a]	Important remarks/classification[b]	Ref.
Set-Type Yogurt			
Consistency of commercial yogurt Curd-O-meter and Brookfield viscometer	Curd tension as force (g); consistency as Brookfield units	Consistency increased during storage time Low correlation between instruments CC	121
Effect of heating and solid content on texture of yogurt Instron and Brookfield LVF viscometer	Penetration of undisturbed sample as force (g) and work (g-cm); consistency expressed as apparent viscosity (P)	Consistency of yogurt closely interrelated to heat treatment Penetration forces and work increased with solid content TS/PC	158
Effect of UHT and VAT treatments of milk on flow properties of yogurt Haake Rotovisco RV3 rheometer	Consistency measured as apparent viscosity (cP)	UHT milk had higher viscosity than VAT Yogurt showed an inverse relationship All samples exhibited thixotropy due to disruption of the gel PC/TS	107
Effect of thermal treatments of milk on rheology of yogurt Cherry Burrel curd meter and Haake Rotovisco rheometer	Curd firmness as penetration force (g); consistency measured as shear stress (dyn/cm^2)	Shear stress was related to whey protein denaturation Firmness of yogurt showed a relationship similar to protein denaturation PC/TS	107
Effect of stabilizers (0.5–1.5%) on physical properties of yogurt Cherry Burrel knife	Curd firmness (g)	Firmness was increased and syneresis decreased by increasing the protein content CC	112
Effect of process preparation on structural and rheological properties of yogurt Penetrometer Universal Model 1700	Firmness of coagulum as penetration reading (mm)	Firmness was affected by the starter culture Protein matrices depended of the fortification process of milk ES/PC	183
Yogurt viscosity affected by partial substitution of powder milk Brookfield Synchro-lectric viscometer	Viscosity measured as apparent viscosity (Pa · s) at 10°C	Partial substitution produced yogurts of firmer coagulum, higher viscosity, and a reduced susceptibility to syneresis QC	

. (continued)
Rheological Characterization of Set and Stirred Yogurts

Experimental	Rheological parameters/models[a]	Important remarks/classification[b]	Ref.
Heat treatments on rheological properties of yogurt Cherry Burrel, Universal penetrometer, Bostwick, Adams, and Brookfield instruments	Gel firmness as curd tension (g); consistency as spreadability (cm), fluidity (cm), and apparent viscosity (P)	Gel firmness of yogurt greater for conventional VAT than other treatments Higher fluidity for yogurt UHT processed milk than for VAT Rheological behavior attributed to protein changes PC	
UHT treatments on yogurt texture Instron Model TM, Brookfield LVT Synchroelectric viscometer Sensory evaluation	Texture measured as initial breaking force (g) and flow coefficient (g/cm²); consistency expressed as relative viscosity	Batch heating resulted in firmer yogurt Yogurt prepared by conventional heat treatment showed higher penetration force, flow coefficient, and viscosity than UHT yogurt PC/QC	
Effect of heat treatment of milk on flow properties of yogurt Haake Rotovisco model RV3	Flow properties expressed as app. viscosity (mPa · s), flow index, and consistency index (Pa · s^n): $\sigma = KD^n$ $\sigma - \sigma_0 = KD^n$	Apparent viscosities had different values: VAT 550-566, HSTS 260-462, UHT 170-333 Flow index for all treatments was 0.55–0.65, while consistency values ranged from 0.3 to 1.0. All yogurts showed a yield stress value PC	
Effect of vat and continuous heating systems on physical properties of yogurt Instron testing machine and Haake Rotovisco RV3 rheometer	Curd firmness as penetration force (g); consistency as apparent viscosity (mPa · s)	UHT milk had less firmness than HTST- and VAT-processed milk Residence time influenced the firmness of HTST-processed milk Firmness and apparent viscosity were correlated to protein denaturation PC/TC	
Effect of elaboration processes on rheology and structure of yogurt (Labneh) Stevens LFRA Texture Analyzer	Consistency as penetration force (g)	A decrease in consistency was related to homogenization process that affected the coagulum characteristics ES/PC	

Effect of heat on proteins and texture of yogurt Instron Food Testing Machine, model 1140, and Haake Rotovisco RV2 rheometer	Yogurt hardness measured as penetration force (g), consistency as viscosity (mPa · s); and structure breakdown as shear resistance (%) = 100 η_2/η_1	Yogurt exhibited thixotropic behavior Hardness and viscosity of yogurt were related to whey protein denaturation Hypothetical model suggested for changes in casein micelles PC/ES	114
Effect of solid content and heat treatment of rheology of yogurt Rotational viscometer	$\sigma = KD^n$ $\sigma - \sigma_0 = KD^n$	Increasing dry matter and severity of treatment gave higher viscosity, rupture, and yield point of yogurt PC	148

(continued)
Rheological Characterization of Set and Stirred Yogurts

Experimental	Rheological parameters/models[a]	Important remarks/classification[b]	Ref.
Rheological and structural characteristics of ropy and nonropy yogurt Haake Rotovisco RV2 viscometer	Consistency measured as apparent viscosity (cP)	Viscosity of ropy yogurt three times higher than nonropy yogurt Both types of yogurt showed a peak shear stress, 150 Pa for ropy and 50 Pa for nonropy yogurt ES	172
Rheological analysis of yogurt using flow and dynamic properties Rheometrics Mechanical Spectrometer RDS II and Carri-Med CS 100 rheometers	Viscoelasticity evaluated as elastic, viscous, and relaxation moduli (Pa), and consistency as viscosity (Pa · s)	Dynamic tests exhibited four regions related to structural changes in yogurt At low strains, yogurt is primary elastic, but at high strains becomes viscous Thixotropic fluid PC/ES	159
Rheological characterization of yogurt by different tests Posthumus funnel, penetrometer rotational viscometer, and controlled viscoelastic rheometer	Consistency as viscosity (cP) and efflux time (s), texture as penetration force (g), and viscoelasticity as elastic and loss moduli (Pa)	Ropy yogurt viscosity two or more times higher than nonropy yogurt Penetrometer tests did not distinguish yogurt types Structural information of yogurts given by oscillatory tests QC/ES	178
Effect of temperature of UF on the structure and rheology of Labneh Stevens LFRA Texture Analyzer	Firmness of Labneh as penetration force (*N*, *g*)	Microstructure was similar irrespective of process manufacture Firmness was affected by the method of production, process temperature, and homogenization passage ES/PC	167
Physical properties of yogurt affected by proteolytic treatments Brookfield RVT viscometer	Firmness (Brookfield units) and apparent viscosity (cP)	Firmness and apparent viscosity of yogurt influenced by extent of proteolysis QC	47
Rheological properties of yogurt elaborated with two types of milk Bohlin VOR rheometer	Viscoelasticity as loss and storage moduli (Pa), dynamic viscosity, (Pa · s), and complex modulus (Pa); rate of rigidity: $k = (2.303/t)\log\left(G^*_\infty - G^*_0 / G^*_\infty - G^*_t\right)$	Rheological characteristics significantly different for yogurt elaborated from skim milk and ultrafiltered retentates QC/PC	12

Rheological measurements of structural changes in yogurt Bohlin VOR rheometer	Viscoelasticity expressed as storage modulus (Pa) and loss angle (°): $G' = G'_1 \exp(-t/\tau_1) + G'_2 \exp(-t/\tau_2) + G'_{\infty}$	Structure breakdown and rheological changes followed by oscillating tests Breakdown curves described by empirical model ES	132
Viscoelastic properties of yogurt affected by starter culture Rheotech International rheometer	Viscoelasticity measured as storage and loss moduli (Pa)	Both moduli for the ropy yogurt decreased during storage time (4°C) The elastic component of yogurt was not affected by secreted polysaccharide Polysaccharide acted as a "filler" in the network PC	179
Effect of starter cultures on linear visco-elastic properties of yogurt Rheometrics ES rheometer and Instron Universal Testing Machine	Viscoelasticity measured as storage and loss moduli (Pa); firmness expressed as initial slope of force-penetration curves (N/mm): $\eta' = k(D_e)^{(n-1)}$	An inverse relationship between G′ and tan δ of yogurt was found The attachment of mucogenic bacteria to the protein matrix decreased yogurt firmness TS/PC	131
Stirred Yogurt Viscosity of stirred yogurt Door rheometer, Posthumus funnel, and Tube viscometer	Consistency as apparent viscosity (mPa · s), efflux time (s), and flow rate (1/h): $\eta^* = K + C\tau^N$	The yogurt was non-Newtonian fluid with with yield stress A modified power law equation fitted the rheological behavior PC	56
Two commercial stirred yogurts affected by temperature Haake Rotovisco RV20	Consistency expressed as viscosity (Pa · s): $\sigma = \sigma_0 + m(\dot{\gamma})^n$ $\sigma = \sigma_0 + \eta_a(\dot{\gamma})$ $\eta_a = f \exp(E_a/RT)$ $\log(m) = A - B(T)$ $\eta_a = a - b(T)$	Samples exhibited yield stress Flow curves modeled by Herschel-Bulkley for upward portion and linear model for downward part Rheological properties and temperature fitted by Arrhenius and Turian equations PC/TS	117
Rheological properties of stirred yogurt affected by flavoring ingredients Haake Rotovisco RV20 rheometer	Consistency expressed as apparent viscosity (Pa · s): $\eta = 0.0443 + 0.109P + 0.093P^2 - 0.001C + 0.006PC$	Samples showed thixotropic flow with yield stress Pectin and raspberry concentrate affected the flow index Viscosity was predicted by a polynomial equation PC	118

(continued)

Rheological Characterization of Set and Stirred Yogurts

Experimental	Rheological parameters/models[a]	Important remarks/classification[b]	Ref.
Structural changes in yogurt Bohlin VOR rheometer	Viscoelasticity as storage modulus (Pa) and loss angle (°): $G' = G_1' \exp(-t/\tau_1) + G_2' \exp(-t/\tau_2) + G_{\infty}'$	Storage modulus decrease was approximately proportional to strain Breakdown curves described by the empirical model ES	132
Rheological characterization of yogurt affected by ingredients Haake RV20 rheometer	Consistency as flow behavior index and consistency coefficient (Pa · s^n): $\eta = 0.0406 + 0.105P + 0.136P^2 - 0.000156S + 0.000054S + 0.00604PS$	Thixotropic flow was fitted by a Weltman equation Ingredients had a significant influence on rheological properties Viscosity was predicted by a second-order polynomial PC/QC	6

[a] The meaning of every symbol is defined in the nomenclature section.
[b] This classification is made considering the primary objective(s) established for each study. ES, elucidation of structure; PC, process characterization or design; QC, quality control; TS, textural studies.

Nomenclature:

σ	Shear stress (Pa)	η_0^*	Extrapolated apparent viscosity (Pa·s)
D	Shear rate (1/s)	τ	Shear stress (Pa)
K and n	Rheological constants	K, C, N	Constants for the model
σ_o	Yield stress value (Pa)		
η_3	Viscosity of the down curve (Pa · s)	$\dot{\gamma}$	Shear rate (1/s)
η_1	Viscosity of the up curve (Pa · s)	σ	Shear stress (Pa)
		σ_o	Yield stress (Pa)
		m	Consistency coefficient (Pa · s)
k	Apparent rate constant (1/min)	n	Flow behavior index
G_∞^*	Complex modulus at the completion of the gelation (Pa)	η_a	Apparent viscosity (Pa · s^n)
G_0^*	Complex modulus at time zero (onset of gelation) (Pa)	f	Frequency factor
G_t^*	Complex modulus at time t (Pa)	E_a	Activation energy (Kcal/mol)
		R	Gas constant
G'	Storage modulus (Pa)	T	Absolute temperature
G_1', G_2'	Amount of fast and slow breakdown (Pa) at times t_1 and t_2 (s)	A, a	Regression constants
τ_1, τ_2	Characteristic breakdown time constants (s)	B, b	Slope constants
G_∞'	Estimated G' at infinite time (Pa)		
		η	Apparent viscosity (Pa · s)
η'	Dynamic viscosity (Pa · s)	P	Concentration of pectin (%)
k	Consistency coefficient (Pa · s)	C	Quantity of raspberry concentrate (%)
D_0	Shear strain rate amplitude (1/s)	S	Quantity of strawberry concentrate (%)
n	Flow behavior index		

Referências

1. Barnes HA, Hutton JF, Walters K (1989) An Introduction to Rheology (9thedn), Elsevier, Amsterdam, New York.
2. Vidigal MCTR (2009) Caracterização reológica e sensorial de sobremesa lactea diet contendo concentrado proteico de soro.
3. Selway N, Stokes JR (2014) Deformação, fluxo e lubrificação de materiais macios entre substratos compatíveis: Impacto no comportamento do fluxo, sensação na boca, estabilidade e sabor. Annu Rev Food Sci Technol 5: 373-393.
4. Barnes HA, Hutton JF, Walters K (1989) An Introduction to Rheology (9thedn), Elsevier, Amsterdam, New York.
5. Vidigal MCTR (2009) Caracterizagao reologica e sensorial de sobremesa lactea diet contendo concentrado proteico de soro.
6. Selway N, Stokes JR (2014) Deformação, fluxo e lubrificação de materiais macios entre substratos compatíveis: Impacto no comportamento do fluxo, sensação na boca, estabilidade e sabor. Annu Rev Food Sci Technol 5: 373-393.
7. Kus S, Altan A, Kaya A (2005) Comportamento reológico e caraterização dependente do tempo da mistura de gelado com diferentes teores de salep. J Texture Stud 36: 273-288.
8. McCarthy OJ (2011) Rheology of liquid and semi-solid milk products (Reologia de produtos lácteos líquidos e semi-sólidos). Elsevier.
9. Velez Ruiz JF, Canovas GVB, Peleg M (1997) Rheological properties of selected dairy products. Crit Rev Food Sci Nutr 37: 311-359.
10. Costa MP, Frasao BS, Silva ACO, Freitas MQ, Franco RM, et al. (2015) Polpa de cupuaçu (Theobroma grandiflorum), probiótico e prebiótico: Influência na cor, viscosidade aparente e textura de iogurtes de leite de cabra. J Dairy Res 98: 59956003.
11. Delgado KF, Frasao BS, Costa MP, Conte-Junior CA (2017) Diferentes alternativas para melhorar as características reológicas e texturais de produtos caprinos fermentados: Uma revisão. Rheol Open Access 1: 1-6.
12. Bahramparvar M, Tehrani MM (2011) Application and functions of stabilizers in ice cream. Food Rev Int 27: 389-407.
13. Park YW, Juarez M, Ramos M, Haenlein GFW (2007) Physico-chemical characteristics of goat and sheep milk. Small Rumin Res 68: 88-113.
14. Hekken DL, Park YW, Tunick MH (2013) Efeitos da redução do teor de gordura nas propriedades proteolíticas e reológicas do queijo de leite caprino tipo cheddar. Small Rumin Res 110: 46-51.
15. Malacarne M, Franceschi P, Formaggioni P, Sandri S, Mariani P, et al. (2014) Influência do cálcio e do fósforo micelares nas propriedades de

coagulação do coalho do leite de vaca. J Dairy Res 81: 129-136

16. Benezech T. e Maingonnat J.F. (1994). Caracterização das propriedades reológicas do iogurte: uma revisão. *J. Food Engg*. 21: 447-472.

17. da Silva V. B. e da Costa M. P. (2017). Reologia aplicada a produtos lácteos. *Rheology*: open access 1 (2): e104.

18. Patil G. R. e Patel A. A. (1992). Propriedades viscoelásticas do leite condensado adoçado influenciadas pelo armazenamento. Milchwiss. 47: 12-14.

19. Alvarez De Felipe, A. I., Melcon, B., and Zapico, J., Structural changes in sweetened condensed milk during storage: an electron microscopy study. *J. Dairy Res.,* 1991; 58: 337-344.

20. Amer, M. A. e Myhr, A. N., Modificação da manteiga para melhorar a sua capacidade de barrar a baixas temperaturas. *Can. Inst. Food Sci. Technol. J.,* 1973; 6(4): 261-265.

21. Awadhwal, N. K. e Singh, C. P., Um modelo reológico para produtos lácteos. *J. Food Sci.,* 1985; 50: 1611-1614.

22. Bakshi, A. S. and Smith, D. E., Effect of fat content and temperature on viscosity in relation to pumping requirements of fluid milk products. *J. Dairy Sci.,* 1984; 67(6):1157-1160.

23. Barbosa-Canovas, G. V., Ibarz, A., e Peleg, M., Rheological properties of fluid foods. Revisão. *Alimentaria,* 1993; abril: 39-89.

24. Basak, S. and Ramaswamy, H. S., Simultaneous evaluation of shear rate and time dependency of stirred yogurt rheology as influenced by added pectin and strawberry concentrate. *J. Food Eng.,* 1994; 21: 385-393.

25. Bassette, R. e Acosta, J. S., Composição dos produtos lácteos. In: *Fundamentals of Dairy Chemistry,* Wong, N. P., Jeness, R., Kenney, M., and Marth, E. H., Eds., Van Nostrand Reinhold, New York, 1988, 39-79.

26. Becker, T. and Puhan, Z., Effect of different processes to increase the milk solids non-fat content on the rheological properties of yoghurt. *Milchwissenschaft,* 1989; 44(10): 626-629.

27. Benezech, T. e Maingonnat, J. F., Caracterização das propriedades reológicas do iogurte - uma revisão. *J. Food Eng.,* 1994; 21: 447-472.

28. Berger, K. G., Bullimore, B. K., White, G. W., e Wright, W. B., The structure of ice cream - Part 1. *Dairy Ind.,* 1972; agosto: 419-425.

29. Berger, K. G., Bullimore, B. K., White, G. W., e Wright, W. B., The structure of ice cream - Part 2. *Dairy Ind.,* 1972; setembro: 493-497.

30. Biliaderis, C. G., Khan, M. M., and Blank, G., Rheological and sensory properties of yogurt from skim milk and ultrafiltered retentates. *Int. Dairy J.,* 1992; 2(5): 311-323.

31. Bird, R. B., Armstrong, R. C., e Hassager, O., *Dynamic of Polymeric*

Liquids. Volume 1. Mecânica dos Fluidos. John Wiley & Sons, Nova Iorque, 1977.

32. Bird, A. E. e Stainsby, G., The fat globule membrane in ice cream. *J. Sci. Food Agric.,* 1974; 25: 1339-1348.
33. Bloore, C. G., Um viscosímetro para concentrado de leite. *N.Z J. Dairy Sci. Technol.,* 1981; 16: 191-193.
34. Bloore, C. G. and Boag, I. F., Some factors affecting the viscosity of concentrated skim milk. *N.Z J. Dairy Sci. Technol.,* 1981; 16: 143-154.
35. Board, P. W., Aicken, K., e Kuskis, A., Measurement of the spreadability of margarine and butter using a single pin maturometer. *J. Food Technol,* 1980; 14: 277-283.
36. Board, P. W., Bain, J. M., Gove, D. W., and Mullett, J. T., Structural changes in whole milk during the production of sterile concentrates: electron microscopy study. *J. Dairy Res.,* 1970; 37: 513-519.
37. Bourne, M., *Food Texture and Viscosity: Concept and Measurement.* Academic Press, Nova Iorque, 1982. 20. Brooker, B. E., Anderson, M., e Andrews, A. T., The development of structure in whipped cream. *Food Microstruct,* 1986; 5: 277-285.
38. Buckingham, J. H., Kinematic viscosities of New Zealand skim-milk. *J. Dairy Res.,* 1978; 45(1): 25-35.
39. Buma, T. J., Free fat in spray-dried whole milk. I. Introdução geral e breve revisão da literatura. *Neth. Milk Dairy J.,* 1971; 25: 33-41.
40. Buma, T. J. e Henstra, S., Particle structure of spray-dried milk products as observed by a scanning electron microscope. *Neth. Milk Dairy J.,* 1971; 25: 7580.
41. Carie, M. e Kalab, M., Effects of drying techniques on milk powders quality and microstructure: a review. *Food Microstruct,* 1987; 6: 171-180.
42. Cho, Y. K., Effect of fatty acid compositions by monoglyceride on rheological properties of ice cream. *Korean J. Food Sci. Technol.,* 1988; 20(2): 230-244.
43. Cooper, H. R., Textura em produtos lácteos e sua avaliação sensorial. In: *Food Texture. Instrumental and Sensory Measurement,* Moskowitz, H. R., Ed. Marcel Dekker, Nova Iorque, 1987, 217-250.
44. Cottrell, J. I. L., Pass, G., e Phillips, G. O., Assessment of polysaccharides as ice cream stabilizers. *J. Sci. Food Agric.,* 1979; 30: 1085-1088.
45. Cottrell, J. I. L., Pass, G., and Phillips, G. O., The effect of stabilizers on the viscosity of an ice cream mix. *J. Sci. Food Agric.,* 1980; 31: 1066-1070.
46. Dannenber, F. e Kessler, H. G., Effect of denaturation of B-lactoglobin on texture properties of setstyle nonfat yoghurt. I. Syneresis. *Milchwissenschaft,*

1988a; 43(10): 632-635.
47. Dannenber, F. e Kessler, H. G., Effect of denaturation of P-lactoglobin on texture properties of setstyle nonfat yoghurt. I. Firmeza e propriedades de fluxo. *Milchwissenschaft,* 1988b; 43(11): 700-704.
48. Darby, R., *Viscoelastic Fluids. An Introduction to Their Properties and Behavior.* Marcel Dekker, Nova Iorque, 1976.
49. Davey, K. R. and Jones, P. N., Evaluation of a sliding pin consistometer for measurement of the hardness and spreadability of butter and margarine. *J. Texture Stud.,* 1985; 16: 75-84.
50. deMan, J. M., Effect of mechanical treatment on the hardness of margarine and butter (Efeito do tratamento mecânico na dureza da margarina e da manteiga). *J. Texture Stud.,* 1969; 1(1): 109-113.
51. deMan, J. M., Dobbs, J. E., e Sherman, P., Spreadability of butter and margarine (Espalhabilidade da manteiga e da margarina). In: *Food Texture and Rheology,* Sherman, P., Ed. Academic Press, Londres, 1979, 43-54.
52. deMan, J. M., Gupta, S., Kloek, M., e Timbers, G. E., Viscoelastic properties of plastic fat products. *J. Am. Oil Chem. Soc.,* 1985; 62(12): 1672-1675.
53. de Wit, j . N., Interacções dos componentes do leite com outros ingredientes em sistemas alimentares. In: *Proc. XXIII International Dairy Congress,* Vol. 2. Mutual Press, Ottawa, 1990, 1437-1455.
54. Diener, R. G. e Heldman, D. R., Methods of determining rheological properties of butter (Métodos de determinação das propriedades reológicas da manteiga). *Trans. ASAE,* 1968; 11(3): 444-447.
55. Dixon, B. D., Spreadability of butter determination -description and comparison of five methods of testing. *Aust. J. Dairy Technol,* 1974; março: 1520.
56. Dixon, B. D. e Parekh, J. V., Use of the cone penetrometer for testing the firmness of butter. *J. Texture Stud.,* 1979; 10: 421-434.
57. Dwyer, M. A. e Dixon, B. D., A study of the flow behaviour of thickened cream (Estudo do comportamento do fluxo de natas espessadas). *Aust. J. Dairy Technol,* 1983; março: 23-26.
58. El-Nimr, A. A., How to increase butter softening. *Dairy Ind. Int.,* 1980; março: 7-8, 18.
59. Ensminger, A. H., Ensminger, M. E., Konlande, J. E., e Robson, J. R. K., Milk and milk products. In: *Foods and Nutrition Encyclopedia,* Vol. 2, Ensminger, A. H., Ensminger, M. E., Konlande, J. E., and Robson, J. R. K., Eds., CRC Press, Boca Raton, FL, 1994, 1459-1504.
60. Escher, F., Desenvolvimentos em reologia alimentar. In: *Investigação em*

Ciência Alimentar e Nutrição. Volume 5. Food Science and Technology Present Status and Future Direction, McLoughin, J. V. e McKenna, B. M., Eds. Boole Press, Dublin, 1983, 353-362.

61. Fernandez-Martm, F., Influência da temperatura e da composição em algumas propriedades físicas do leite e dos concentrados de leite. II. Viscosidade. *J. Dairy Res.,* 1972; 39: 75-82.
62. Finney, E. E., Conceitos elementares de reologia relevantes para estudos de textura alimentar. *Food Technol,* 1972; fevereiro: 68-77.
63. Finney, E. E., Conceitos elementares de reologia relevantes para estudos de textura alimentar. In: *Texture Measurements of Foods,* Kramer, A. e Szczesniak, A. S., Eds. D. Reidel, Boston, 1973; 33-51.
64. Gassem, M. A. e Frank, J. F., Physical properties of yogurt made from milk treated with proteolytic enzymes. *J. Dairy Sci.,* 1991; 74: 1503-1511.
65. Garda, S., Angeles, M., Pulido, A., Ruscalleda, J., Garda, L., Barracd, M., and Raventds, M., Model of viscous behaviour of sterilized whole milk at high shear rates. *An. Bromatol.* 1988; 40(1): 3-13.
66. Goff, H. D. and Davidson, V. J., Flow characteristics and holding time calculations of ice cream mixes in HTST holding tubes. *J. Food Prot.,* 1992; 55(1): 34-37.
67. Goff, H. D., Davidson, V. J., e Cappi, E., Viscosity of ice cream mix at pasteurization temperatures. *J. Dairy Sci.,* 1994; 77: 2207-2213.
68. Graf, E. e Muller, H. R., Fine structure and whippability of sterilized cream. *Milchwissenschaft,* 1965; 20: 302-308.
69. Gryzowska, A. e Tuszynski, W., Medição da viscosidade relativa do leite como critério de análise da sua estrutura física. *Technol Zywnosd,* 1973; (1): 25-33.
70. Guirguis, N., Broome, M. C., and Hickey, M. W., The effect of partial replacement of skim milk powder with whey protein concentrate on the viscosity and syneresis of yoghurt. *Aust. J. Dairy Technol,* 1984; março: 33-35.
71. Harper, W. J. e Hall, C. W. *Dairy Technology and Engineering.* AVI Publishing, Westport, CT, 1976.
72. Hayakawa, M., Hayakawa, S., e Nakamura, R., Estudos sobre a consistência da manteiga - uma revisão. *Jpn. J. Dairy Food Sci.,* 1986; 35(3): 81-92.
73. Hellinga, C., Somsen, D. J., e Koenraads, J. P. J. M., Viscosity of stirred yoghurt: modem techniques useful in analysing and improving routine measurements. *Neth. Milk Dairy J.,* 1986; 40(2/3): 217-240.
74. Higgs, S. J. e Norrington, R. J., Rheological properties of selected foodstuffs. *Process Biochem,* 1971; maio: 52-54.
75. Holcomb, D. N., Structure and rheology of dairy products: a compilation of

references with subject and author indexes. *Food Struct,* 1991; 10: 45-108.
76. Holcomb, D. N., Pechak, D. G., Chakrabarti, S., e Opsahi, A., Visualizing textural changes in dairy products by image analysis. *Food Technol,* 1992; janeiro: 122-127.
77. Holdsworth, S. D., Applicability of rheological models to the interpretation of flow and processing behavior of fluid food products. *J. Text. Stud.,* 1971; 2:393418.
78. Holsinger, V. H., Lactose. In: *Fundamentals of Dairy Chemistry,* Wong, N. P., Jeness, R., Keeney, M., e Marth, E. H., Eds. Van Nostrand Reinhold, Nova Iorque, 1988, 279-342.
79. Ibarz, A. e Garda, J. L., Um estudo reológico do leite concentrado. In: *Proc. II Congresso Mundial de Tecnologia de Alimentos: Vol. I. Avanços em Tecnologia Alimentar,* Primo, E., e Fito, P., Eds. Barcelona, 1987, 311-319.
80. Ibarz, A., Garda, J. L., e Puy Llorens, J., Análise tixotrópica de leites condensados. *Alimentaria,* 1987;outubro: 35 37-38.
81. Jeurnink, T. J. M. e DeKruif, K. G., Changes in milk on heating: viscosity measurements. *J. Dairy Res.,* 1993; 60: 139-150.
82. Johnson, J. M., Lactose. In: *Encyclopaedia of Food Science, Food Technology and Nutrition,* Vol. 4, Macrae, R., Robinson, R. K., and Sadler, M. J., Eds. Academic Press, San Diego, 1991, 2655-2658.
83. Kalab, M., Microestrutura dos produtos lácteos. I. Produtos lácteos à base de proteínas.
J. Dairy Sci., 1979; 62: 1352-1364.
84. Kalab, M., Microestrutura de alimentos lácteos. II. Produtos lácteos à base de gordura. *J.*
Dairy Sci., 1985; 68: 3234-3248.
85. Kalab, M., Estrutura alimentar e produtos lácteos. In: *Encyclopedia of Food Science and Technology,* Hui, Y. H., Ed. John Wiley & Sons, Nova Iorque, 1991, 1170-1196.
86. Kalab, M., Practical aspects of electron microscopy in dairy research. *Food Struct.,* 1993; 12: 95-114.
87. Kalab, M. e Carie, M., Microestrutura alimentar - avaliação das interacções dos componentes do leite nos sistemas alimentares. In: *Proc. XXIII International Dairy Congress,* Vol. 2. Mutual Press, Ottawa, 1990, 1457-1477.
88. Kalab, M., Emmons, D. B., e Sargant, A. G., Milk gel structure. V. Microestrutura do iogurte em relação ao aquecimento do leite. *Milchwissenschaft,* 1976; 31(7): 402-408.
89. Kawanari, M., Hamann, D. D., Swartzel, K. R., e Hansen, A. P., Rheological and texture studies of butter. *J. Text. Stud,* 1981; 12: 483-505.

90. Kieseker, F. G. and Eustace, I. J., Manufacture by conventional churning of butter high in linoleic acid: technology, physical properties and sensory evaluation. *Aust. J. Dairy Technol,* 1975; março: 17-22.
91. Kirchmeier, V. O., Results of rheological studies on milk and milk products. *Milchwissenschaft,* 1980; 35(2): 75-77.
92. Kleyn, D. H., Textural aspects of butter. *Food Technol,* 1992; janeiro: 118121.
93. Klotzek, L. M., Leeder, J. G., e Kleyn, D. H., Objective evaluation of body in ice cream. *J. Dairy Sci.,* 1966; 49(10): 1285-1288.
94. Kokini, J. L., Rheological properties of foods (Propriedades reológicas dos alimentos). In: *Handbook of Food Engineering,* Heldman, D. R. And Lund, D. B., Eds. Marcel Dekker, Nova Iorque, 1992, 1-38.
95. Kramer, A., Food texture - definition, measurement and relation to other food quality attributes. In: *Texture Measurements of Foods,* Kramer, A. e Szczesniak, A. S., Eds. D. Reidel, Boston, 1973, 1-9.
96. Kroger, M., Controlar a qualidade do iogurte. *Dairy Ice Cream Field,* 1973; janeiro: 38-39, 61.
97. Kulkarni, S. and Murthy, M. K. R., Studies on changes in rheological characteristics of butter stored at different temperature for different periods. *Indian J. Dairy Sci.,* 1985; 38(2): 111-114.
98. Kulkarni, S. e Murthy, M. K. R., Rheological characteristics of popular brands of butter sold in Bangalore market. *Indian J. Dairy Sci.,* 1985;38(2): 136138.
99. Kulkarni, S. and Murthy, M. K. R., Effect of moisture and solids-non-fat on rheological characteristics of butter. *J. Food Sci. Technol.,* 1985; 38(5): 358-361. 100. Kulkarni, S. e Murthy, M. K. R., Inter-relação entre as características reológicas da manteiga medidas por métodos objectivos e subjectivos. *Indian J. Dairy Sci.,* 1986; 39(1): 65-68.
101. Kulkarni, S. e Murthy, M. K. R., Relação entre as propriedades da gordura e as características reológicas da manteiga. *Indian J. Dairy Sci.,* 1987; 40(2): 232-237.
102. Kulkarni, S. e Murthy, M. K. R., Effect of modified thermal treatment of cream on rheological characteristics of buffalo cream butter. *Indian J. Dairy Sci.,* 1987; 40(3): 368-371.
103. Kulkarni, S. and Murthy, M. K. R., Studies on rheological characteristics of dairy spreads from buffalo cream butter. *Indian J. Dairy Sci.,* 1988; 41(4): 437440.
104. Labropoulos, A. E., Collins, W. F., and Stone, W. K., Effects of ultra-high temperature and vat processes on heat-induced rheological properties of yogurt.

J. Dairy Sci., 1984; 67(2): 405-409.
105. Labropoulos, A. E., Lopez, A., and Palmer, J. K., Apparent viscosity of milk and cultured yogurt thermally treated by UHT and vat systems. *J. Food Prot.,* 1981; 44(11): 874-876.
106. Labropoulos, A. E., Palmer, J. K., e Lopez, A., Whey protein denaturation of UHT processed milk and its effect on rheology of yogurt. *J. Texture Stud.,* 1981; 12: 365-374.
107. Ma, L. e Barbosa-Canovas, G. V., *Instrumentation in Rheological Measurements of Foods.* Washington State University, Pullman, 1994.
108. Martinou-Voulasiki, I. S. e Zerfiridis, G. K., Effect of some stabilizers on textural and sensory characteristics of yogurt ice cream from sheep's milk. *J. Food Sci.,* 1990; 55(3): 703-707.
109. Min, D. B. S. and Thomas, E. L., A study of physical properties of dairy whipped topping mixtures. *J. Food Sci.,* 1977; 42: 221-224.
110. Mineshita, T., Yamamoto, A., Nagano, K., Fujii, S., e Takada, H., Flow properties of milk in a capillary at low shear stress. *J. Food Proc. Preserv.,* 1980; 4: 1-12.
111. Modler, H. W., Larmond, M. E., Lin, C. S., Froehlich, D., e Emmons, D. B., Physical and sensory properties of yogurt stabilized with milk proteins. *J. Dairy Sci.,* 1983; 66(3): 423-429.
112. Mortensen, B. K. e Danmark, H., Consistency characteristics of butter (Características de consistência da manteiga). *Milchwissenschaft,* 1982; 37(9): 530-532.
113. Mottar, J., Bassier, A., Joniau, M., e Baert, J., Effect of heat-induced association of whey proteins and casein micelles on' yogurt texture. *J. Dairy Sci.,* 1989; 72(9): 2247-2256.
114. Muller, H. G., *An Introduction to Food Rheology.* Crane, Rusaak and Company, Nova Iorque, 1973.
115. Newstead, D. F., Baldwin, A. J., e Hughes, I. R., Factores que afectam a viscosidade do leite condensado recombinado. *N.Z. J. Dairy Sci. Technol.,* 1978; 13: 63-70.
116. Nielsen, B. J., Construção e formação da microestrutura do gelado durante o processamento. *Mod. Dairy,* 1973a; May: 10-12.
117. Nielsen, V. H., Improving the texture of ice cream (Melhorar a textura do gelado). *Am. Dairy Rev.,* 1973b; dezembro: 40-41.
118. Noda, M. e Shiinoki, Y., Microestrutura e comportamento reológico do creme de leite. *J. Texture Stud.,* 1986; 17(2): 189-204.
119. O'Connor, J. F., Steffe, J. F., e Heldman, D. R., Rheology and texture of butter: a review. In: *Engineering and Food, Volume I. Engineering Sciences in*

the Food Industry, McKenna, B. M., Ed. Elsevier, Londres, 1983, 539-550.
120. O'Neil, J. M., Heyn, D. H., and Hare, L. B., Consistency and compositional characteristics of commercial yogurts. *J. Dairy Sci.,* 1979; 62: 1032-1036.
121. Osteras, M., O comércio internacional num mundo em mudança. In: *Proc. XXIII International Dairy Congress,* Vol. 3. Mutual Press, Ottawa, 1990, 2124-2132.
122. Parkinson, C, Sherman, P., e Matsumoto, S., Fat crystals and the flow rheology of butter and margarine. *J. Texture Stud.,* 1970; 1(1): 206-213.
123. Parnell-Clunies, E. M., Kakuda, Y., e deMan, J. M., Influence of heat treatment of milk on the flow properties of yoghurt. *J. Food Sci.,* 1986a; 51(6): 1459-1462.
124. Parnell-Clunies, E. M., Kakuda, Y., Mullen, K., Arnott, D. R., and deMan, J. M., Physical properties of yogurt: a comparison of vat versus continuous heating systems of milk. *J. Dairy Sci.,* 1986b; 69: 2593-2603.
125. Paul, G. R. e Patel, A. A., Viscoelastic properties of sweetened condensed milk as influenced by storage. *Milchwissenschaft,* 1992; 47(1): 12-14.
126. Pereira, J. F., Iglesias, M., Gimenes, A., da Silva, S. D., Bueno, I., e Miya, E. E., Avaliação reológica de manteigas comerciais. *Bol. ITAL Campinas,* 1980; 17(1): 51-63.
127. Phipps, L. W., The interrelationship of the viscosity, fat content and temperature of cream between 40 and 80°C. *J. Dairy Res.,* 1969; 36: 417-425.
128. Prentice, J. H., Rheology and texture of dairy products. *J. Texture Stud,* 1972;
3: 415-458.
129. Prentice, J. H., Terminology of thc tcxturc of crcam. *J. Texture Stud.,* 1973; 4(2): 154-157.
130. Prentice, J. H., Recent developments in the rheology of dairy products and some present day problems (Desenvolvimentos recentes na reologia dos produtos lácteos e alguns problemas actuais). In: *Food Texture and Rheology,* Sherman, P., Ed. Academic Press, Nova Iorque, 1979, 386-394.
131. Prentice, J. H., *Measurements in the Rheology of Foodstuffs.* Elsevier, Londres, 1984.
132. Prentice, J. H., *Dairy Rheology. A Concise Guide.* VCH Publishers, Nova Iorque, 1992.
133. Prentice, J. H. e Chapman, H. R., Some effects of process treatment on the body of cream. *J. Dairy Res.,* 1969; 36: 269-278.
134. Ramaswamy, H. S. e Basak, S., Rheology of stirred yogurts. *J. Texture Stud.,* 1991; 22(2): 231-241.

135. Ramaswamy, H. S. e Basak, S., Efeitos da pectina e do concentrado de framboesa na reologia do iogurte comercial agitado. *J. FoodSci.* 1992; 57(2): 357-360.

136. Randhahn, IL, Flow properties of milk and milk concentrates. *Milchwissenschaft,* 1973; 28(10): 620-628.

137. Randhahn, H. e Reuter, H., O comportamento reológico da nata de leite cru. In: *XX Congresso Internacional de Lacticínios,* Alemanha Oriental, 1978, 854-855.

138. Rao, G. R., Nickerson, T. A., e Dunkley, W. L., Rheology of concentrated milk. *J. Dairy Sci.,* 1964; 47: 670.

139. Rao, M. A., Rheology of liquid foods - a review. *J. Texture Stud.,* 1977; 8: 135-168.

140. Rao, M. A., Predicting the flow properties of foods suspensions of plant origin. *Food Technol,* 1987; março: 85-88.

141. Rao, M. A. e Steife, J. F., *Viscoelasticity Properties of Foods.* Elsevier, Londres, 1992.

142. Rao, V. N. M., Classificação, descrição e medição das propriedades viscoelásticas dos alimentos sólidos. In: *Viscoelasticity Properties of Foods,* Rao, M. A. And Steffe, J. F., Eds. Elsevier, Londres, 1992, 3-47.

143. Rao, V. N. M. e Skinner, G. E., Rheological properties of solid foods. In: *Engineering Properties of Foods,* Rao, M. A. e Rizvi, S. S. H., Eds. Marcel Dekker, Nova Iorque, 1986, 215-254.

144. Raventos, M., Nota: tixotropia de cremes batidos. *Rev. Esp. Cien. Tecnol. Aliment.,* 1992; 32(5): 544-551.

145. Reddy, Ch. S. e Datta, A. K., Thermophysical properties of concentrated reconstituted milk during processing. *J. Food Eng.,* 1994; 21: 31-40.

146. Rohm, H., Viscosity of recombined sweetened condensed milk (Viscosidade do leite condensado recombinado). *Milchwissenschaft,* 1988; 43(5): 303-306.

147. Rohm, H., Viscosity and thixotropy of yogurt (Viscosidade e tixotropia do iogurte). *Milchwissenschaft,* 1989; 44(6): 340-342.

148. Rohm, H. e Kovac, A., Effects of starter cultures on linear viscoelastic and physical properties of yogurt gels. *J. Texture Stud,* 1994; 25: 311-329.

149. Ronnegard, E. e Dejmek, P., Desenvolvimento e rutura da estrutura do iogurte estudados por medições reológicas oscilatórias. *Lait,* 1993; 73: 371379.

150. Rosenthal, L, *Milk and Dairy Products, Properties and Processing.* Balaban Publishers, Weinheim, 1991.

151. Sadowska, J., Gryzowska, A., e Wodecki, E., Características reológicas de natas com elevado teor de gordura. In: *Proc. V Congresso Internacional de*

Engenharia e Alimentação, Vol. I, Propriedades Físicas e Controlo de Processos Elsevier, 1990: 169175.
152. Samel, R. e Muers, M. M., O espessamento etário do leite condensado. I. Propriedades reológicas. *J. Dairy Res.,* 1962; 29: 249-258.
153. Samel, R. e Muers, M. M., O espessamento etário do leite condensado. II. Efeitos da temperatura e do armazenamento. *J. Dairy Res.,* 1962; 29: 259-267.
154. Samel, R. e Muers, M. M., O espessamento etário do leite condensado. III. O efeito dos iões. *J. Dairy Res.,* 1962; 29: 269-277.
155. Schmidt, D. G., Buchheim, W., e Koops, J., Um estudo electromicroscópico dos complexos gordura-proteína no leite evaporado, utilizando a técnica de congelação. *Neth. Milk Dairy J.,* 1971; 25: 200-216.
156. Schmidt, K. A. e Smith, D. E., Effects of varying homogenization pressure on the physical properties of vanilla ice cream (Efeitos da variação da pressão de homogeneização nas propriedades físicas do gelado de baunilha). *J. Dairy Sci.,* 1989; 72(2): 378384.
157. Schmidt, R. H., Sistrunk, C. P., Richter, R. L., and Cornell, J. A., Heat treatment and storage effects on texture characteristics of milk and yogurt systems fortified with oilseed proteins. *J. Food Sci.,* 1980; 45(2): 471-475.
158. Schmidt, R. H., Vargas, M. M., Smith, K. L., e Jezeski, J. J., The effect of ultra-high temperature milk processing on yogurt texture. *J. Food Proc. Preserv.,* 1985; 9: 235-240.
159. Shama, F. e Sherman, P., The texture of ice cream. II. Propriedades reológicas do gelado congelado. *J. Food Sci.,* 1966; 31: 699-706.
160. Shama, F. e Sherman, P., The influence of work softening on the viscoelastic properties of butter and margarine. *J. Texture Stud.,* 1970; 1(1): 196205.
161. Sherman, P., Rheological methods for studying the physical properties of emulsifiers films at the oilwater interface in ice cream. *Food Technoi,* 1961; setembro: 394-399.
162. Sherman, P., The texture of ice cream. *J. Food Sci.,* 1965; 30: 201-211.
163. Sherman, P., The texture of ice cream. III. Propriedades reológicas da mistura e do gelado derretido. *J. Food Sci.,* 1966; 31: 707-715.
164. Sherman, P., Colloidal stability of ice cream mix. *J. Texture Stud.,* 1969; 1: 43-51.
165. Sherman, P., A texture profile of foodstuffs based on well-defined rheological properties. *J. FoodSci.* 1969; 34: 458-442.
166. Sherman, P., *Industrial Rheology.* Academic Press, Nova Iorque, 1970.
167. Sherman, P., Structure and textural properties of foods. *Food Technol,* 1972; março: 69-79.

168. Sherman, P., Structure and textural properties of foods (Estrutura e propriedades texturais dos alimentos). In: *Texture Measurements of Foods,* Kramer, A. e Szczesniak, A. S., Eds. D. Reidel, Hingham, MA, 1973, 52-70.
169. Shioya, T., Kako, M., Taneya, S., e Sone, T., Influência do tempo de espessamento na capacidade de batimento dos cremes. *J. Texture Stud.,* 1981; 12(2): 185-200.
170. Shoemaker, Ch. F., Nantz, J., Bonnans, S., e Noble, A. C., Rheological characterization of dairy products. *Food Technol,* 1992; janeiro: 98-103.
171. Shukla, A., Bhaskar, A. R., Rizvi, S. S. H., and Mulvaney, S. J., Physicochemical and rheological properties of butter made from supercritically fractionated milk fat. *J. Dairy Sci.,* 1994; 77: 45-54.
172. Sliter, J. W., The world dairy situation outlook for the next decade. In: *Proc. XXIII International Dairy Congress,* Vol. 3. Mutual Press, Ottawa, 1990,20872093.
173. Smith, D. E., Bakshi, A. S., and Lomauro, C. J., Changes in freezing point and rheological properties of ice cream mix as a function of sweetener system and whey replacement. *Milchwissenschaft,* 1984; 39(8): 455-457.
174. Sone, T., Noda, M., Siinoki, Y., e Kako, M., Estrutura e comportamento reológico do creme de leite. In: *Proc. 4th International Flavor Conference, The Shelf Life of Food and Beverages,* Charalambous, G., Ed. Elsevier, Amesterdão, 1986, 647-655.
175. Steffe, J. F., *Rheological Methods in Food Process Engineering.* Freeman Press, East Lansing, MI, 1992.
176. Steventon, A. J., Parkinson, C. J., Fryer, P. J., e Bottomley, R. C., The rheology of yogurt. In: *Rheology of Food, Pharmaceutical and Biological Materials with General Rheology,* Carter, R. E., Elsevier, Londres, 1990; 197210.
177. Stroshine, R. e Hamann, D., *Physical Properties of Agricultural Materials and Food Products,* Stronshine, R., Ed. 1992.
178. Swartzel, K. R., Hamann, D. D., e Hansen, A. P., Rheological behavior of ultra-high temperature steam injected dairy products on aging. *J. Food Proc. Eng.,* 1980; 3: 143-159.
179. Swartzel, K. R., Hamann, D. D., and Hansen, A. P., Rheological modeling of UHT milk gels using a cone and plate creep-relaxation test *J. Food Proc. Eng.,* 1980; 3: 160-174.
180. Swartzel, K. R., Hamann, D. D., and Hansen, A. P., Rheological properties of aged aseptic ice cream mix and melt. *J. Texture Stud.,* 1980; 11: 367-377.
181. Szczesniak, A. S., Rheological problems in the food industry (Problemas

reológicos na indústria alimentar). *J. Texture Stud.,* 1977; 8: 119-133.
182. Tamime, A. Y., Kalab, M., and Davies, G., Microstructure of set-style yoghurt manufactured from cow's milk fortified by various methods. *Food Microstruct.,* 1984; 3(1): 83-92.
183. Tamime, A. Y., Kalab, M., e Davies, G., Rheology and microstructure of strained yoghurt (labneh) made from cow's milk by three different methods. *Food Microstruct,* 1989; 8: 125-135.
184. Tamime, A. Y., Kalab, M., and Davies, G., The effect of processing temperatures on the microstructure and firmness of labneh made from cow's milk by the traditional method or by ultrafiltration. *Food Struct.,* 1991; 10(4): 345-352.
185. Tanaka, M. e deMan, J. M., Um instrumento de registo eletrónico para a medição do binário durante a batida de natas e coberturas. *Can. Inst. Food Sci. Technoi. J.,* 1972; 5(1): 1-5.
186. Tanaka, M., deMan, J. M., e Voisey, P. W., Measurement of textural properties of foods with a constant speed cone penetrometer. *J. Texture Stud.,* 1971; 2(3): 306-315.
187. Tanaka, M., Pearson, A. M., e deMan, J. M., Measurement of ice cream texture with the constant speed penetrometer. *Can. Inst. Food Sci. Technoi J.,* 1972; 5(2): 105-110.
188. Taylor, M. W. e Norris, R., The physical properties of dairy spreads. *N.Z. J. Dairy Sci. Technol.,* 1977; 12: 166-170.
189. Teggatz, J. A. e Morris, H. A., Changes in the rheology and microstructure of ropy yogurt during shearing. *Food Struct,* 1990; 9: 133-138.
190. Thomas, E. L., Structure and properties of ice cream emulsions (Estrutura e propriedades das emulsões de gelado). *Food Technol.* 1981; janeiro:41-48.
191. Departamento de Agricultura dos EUA, *Agriculture Statistics 1992.* U.S. Government Printing Office, Washington, D.C., 1992, 320-321.
192. Van Vliet, T. e Walstra, P., Relação entre viscosidade e teor de gordura do leite e da nata. *J. Texture Stud.,* 1980; 11(1): 65-68.
193. Velez, J. F., Gonzalez, J. C., e Rojas, J. A., Evolução das propriedades reológicas do leite durante o processo de evaporação. In: *Congreso Nacional de Cienciay Tecnologki de los Alimentos,* México, 1988.
194. Venkateswarlu, J. P., Sastri, P. M., Rao, M. R., e Ranganadham, M., Estudos sobre as propriedades físicas e químicas de gelados formulados com diferentes níveis de substituição de pó de araruta por sólidos de leite sem gordura. *Indian J. Food Sci. Technol.,* 1990; 27(5): 390-391
195. Vlahopoulou, L and Bell, A. E., The application of oscillatory testing to bovine and caprine yoghurt gel systems. In: *Rheology of Food, Pharmaceutical*

and Biological Materials with General Rheology, Carter, R. E., Ed. Elsevier, Londres, 1990, 331-334.

196. Vlahopoulou, L e Bell, A. E., Effect of various starter cultures on the viscoelastic properties of bovine and caprine yogurt gels. *J. Soc. Dairy Technol,* 1993; 46(2): 61-63.

197. Wayne, J. E. e Shoemaker, Ch. F., Rheological. characterization of commercially processed fluid milks. *J. Texture Stud.,* 1988; 19: 143-152.

198. Whorlow, R. W., *Rheological Techniques.* Ellis Horwood, Chichester, 1980.

199. Wood, F. W., Murphy, M. F., and Dunkley, W. L., Influence of elevated polyunsaturated fatty acids on processing and physical properties of butter. *J. Dairy Sci.,* 1975; 58(6): 839-845.

200. Yamamoto, A., Toyosaki, T., e Mineshita, T., Um mecanismo para o fluxo não-Newtoniano de leite num capilar. *J. Texture Stud.,* 1986; 17: 205-220.

MIX
Papier aus verantwortungsvollen Quellen
Paper from responsible sources
FSC® C105338

Printed by Books on Demand GmbH, Norderstedt / Germany